AI绘画
Stable Diffusion
从入门到精通

许建锋 / 著

清华大学出版社
北京

内 容 简 介

本书从艺术教育工作者和现代艺术设计师的视角，系统地介绍了人工智能绘画的相关知识与应用技能。全书内容涵盖了AI绘画的发展、原理、工具与应用，并重点围绕主流工具Stable Diffusion进行详细介绍。书中深入讲解了软件的操作、指令控制、图生图技巧、LoRA、ControlNet控制以及AI动画制作等相关知识，并通过插件的应用实现了图像生成的扩展和动画制作。

本书旨在帮助读者系统地学习AI绘画的理论知识与技术，了解如何运用这些技术来提升绘画技能，包括如何使用AI改善画作的色彩和构图，以及如何运用AI进行风格转换、图像增强等操作。此外，本书还介绍了如何使用AI创建令人惊叹的数字艺术品。

本书内容专业全面，案例生动翔实，是一本系统介绍AI绘画知识与应用技能的优秀教材，适合IT人士、设计师与动画制作人员学习与参考。

图书在版编目（CIP）数据

AI绘画：Stable Diffusion从入门到精通/许建锋著. —北京：清华大学出版社，2023.9
ISBN 978-7-302-64560-3

Ⅰ．①A… Ⅱ．①许… Ⅲ．①图像处理软件 Ⅳ．①TP391.413

中国国家版本馆CIP数据核字（2023）第177838号

责任编辑：赵 军
封面设计：王 翔
责任校对：闫秀华
责任印制：杨 艳

出版发行：清华大学出版社
网　　址：http://www.tup.com.cn，http://www.wqbook.com
地　　址：北京清华大学学研大厦A座　　　　　　邮　编：100084
社 总 机：010-83470000　　　　　　　　　　　邮　购：010-62786544
投稿与读者服务：010-62776969，c-service@tup.tsinghua.edu.cn
质量反馈：010-62772015，zhiliang@tup.tsinghua.edu.cn
印 装 者：三河市龙大印装有限公司
经　销：全国新华书店
开　本：185mm×235mm　　　　印　张：15　　　　字　数：360千字
版　次：2023年10月第1版　　　　印　次：2023年10月第1次印刷
定　价：109.00元

产品编号：103346-01

序 言 PREFACE

从2018年到2023年，AI（人工智能）模型取得了巨大的进步，从简单的问答、阅读理解、文本总结，发展到可以进行绘画和动画创作。AI的迭代和进化的速度越来越快，可以说AIGC（人工智能生成内容）时代已经到来。以ChatGPT通用模型的兴起为标志，AI已经渗透到我们生活的各个领域，对各行各业产生了巨大的冲击。艺术领域也无法避免这场科技带来的革新。AI绘画是一种由机器进行图像生成和创作的方式，它正在逐步改变着艺术教育的模式和理念。

AI绘画的崛起无疑对传统艺术创作方式构成了挑战。AI绘画技术使得机器能够学习和模拟人类的绘画行为，从而生成具有审美价值的艺术作品。在过去的几年里，AI绘画取得了显著的进展。诸如DALL-E、Midjourney、Stable Diffusion、文心一格等绘画工具纷纷涌现，只需下达指令，就能"创作"出一幅幅具有不同风格的美术作品。乍看上去，这些作品的艺术效果甚至让经过长期专业训练的艺术院校的师生感到汗颜。未接受过专业训练的普通人就能"创作"出优秀的作品，这对艺术教育带来了前所未有的挑战。毋庸置疑，AI绘画可以提高人们的美学素养，越来越多的人可以轻松地学习和使用绘画软件，从而掌握一定的美术技能，推动社会美育的普及化。与此同时，这也对高校的专业艺术教育提出了更高的要求。

在今年ChatGPT 3.5刚刚诞生之时，许建锋老师就敏锐觉察到AIGC的发展潜力，注重将AI知识融入教学，让学生正视科技的进步并融入时代的发展。虽然AI绘画能够"创作"出质量不错的作品，但离专业创作仍有一定的距离。因此，艺术教育不仅不能放弃传统优势，反而应该借助AI技术来提升教育品质。在AI绘画创作过程中，具有专业教育背景的画师优势非常明显，因为提示词的质量决定了AI生成图像的品质，而专业画师在画面的风格、画质、构图、色彩、光影等词汇的塑造方面具有较大的优势。同时，专业画师可以在手工绘制基础图像后，通过图生图技术和风格迁移来让画面具有多样选择，并大大提升原创画面的品质和精度。然而，AI绘画在高效率、风格多样性和迭代发展方面是人类无法匹敌的，我们应该将AI绘画视为必备的辅助工具，用于拓展创意、丰富素材、修饰作品等。AI绘画的诞生让艺术教育不仅要注重技能培养，还要注重教学的理论性和全面性，重视教育理念的变化。尽管AI绘画带来了许多便利，但教育并不仅仅是追求效率和技术，教育的本质更在于启发人性和尊重个性。因此，我们需要思考如何在利用AI绘画的同时，保持教育的本质和人文关怀。

在AI绘画蓬勃发展的初期，我很高兴看到我们学院的骨干教师许建锋，从传统设计教育者快速转型为一名AI绘画的探索者和开拓者，在新的艺术领域中开辟出自己的天地。这几年来，他不仅在行业前沿负责各种社会实践项目，带领师生在电商设计、舞台美术、广告设计、动画制作等领域不断创作，同时也是一名优秀的专职教师，他的教学备受学生好评。我相信这本书体现了他深厚的专业功底和严谨的教学风格。

我非常荣幸地推荐这本AI绘画教材。本教材内容涵盖文生图、图生图、风格迁移、动画等多个环节，旨在帮助读者了解如何运用这些技术来提升绘画技能。读者将学习到AI绘画的理论知识，以及使用AI来改善画作的色彩和构图等方面的技巧。此外，还将学习到如何运用AI进行风格转换、图像增强等操作，以及如何使用AI创建令人惊叹的数字艺术品。

作为国内最早出版的AI绘画书籍之一，本教材的内容具有专业性和系统性，按照高校课程模式开展，使读者能够深入学习AI绘图的理论知识和实践技能；具有连贯性和逻辑性，使读者能够建立完整的知识体系和思维模式，并将所学的AI知识和技能应用到实际问题中；具有原创性，本教材的内容是作者对国内外最新资料进行深入研究与综合的总结，是作者独具匠心之作；具有实用性，结合人工智能的指令，把专业领域的知识点（如水墨、工笔、光影、风格、画质等）与中国文化元素相结合，简单易用地展现出专业领域的视觉效果。

我相信，这本AI绘画教材将为读者提供一条通往创造性绘画领域的捷径，将对广大读者的艺术生涯产生深远的影响。

祝你阅读愉快！

中国电影电视技术学会数字视觉设计与呈现专业委员会委员

浙江传媒学院动画与数字艺术学院党委书记、副院长

陈凌广 教授

2023年7月

前　言　PREFACE

2023 年被誉为人工智能元年，以 ChatGPT 3.5 的发布为标志，国内外人工智能行业风起云涌。作为人工智能的分支之一，人工智能绘画（AI 绘画）的热度持续上升，其发展前景广阔，值得引起关注和投入。为了满足教学和科普需求，笔者发挥自己的专业特长，精心撰写了本书。本书被选为浙江省社科联社科普及课题成果之一。

当前，人工智能绘画正处于刚刚诞生的阶段，仍在成长与摸索中。由于参考资料稀缺，本书旨在作为一本理论与实践相结合的课堂教学书籍，与读者一起探索 AI 绘画的创作规律。

对于人工智能绘画软件来说，有几款比较有影响力的软件，包括 Stable Diffusion、Midjourney、DALL.E 和 Adobe Firefly 等。国内的文心一格也已经开放测试，但大部分工具需要付费。因此，笔者推荐使用开源软件 Stable Diffusion，该软件由德国慕尼黑大学开发，已经在艺术创作领域广泛应用，并产生了许多令人惊艳的作品。

软件本身只是一种工具，本书中的知识点也可以应用到其他绘画软件中。通过具体案例和理论阐述，本书将有针对性地介绍软件中的知识点，帮助读者掌握 AI 绘画的主要方法和设计技巧，真正做到学以致用，举一反三。

人工智能绘画要求使用英文进行输入，但对语法和准确性的要求并不高。本书中的英文提示词翻译使用了有道或百度工具，如果存在错误，请读者多多包涵。

本书中的案例教程将会在 Bilibili 网站上同步更新，笔者在 Bilibili 上的个人空间名称为"my3d"。

本书主要根据课堂教学资料收集整理而成。在撰写过程中，理论部分参考了目前已经出版的研究论文和网络资料。在此，对相关作者表示感谢。

在本书的编写过程中，出版社的赵军老师和编辑们在选题、写作、编辑和修改等每一个环节都付出了巨大的心血。编辑室的老师们也多次开会，给本书提出了许多宝贵的意见和建议。在此，我要向他们表示深深的感谢。他们的辛勤工作和专业指导为本书的完成做出了重要贡献。

目前 AI 绘画的普及和研究刚刚起步，参考资料极少，加之笔者水平有限，因此书中难免存在一些不足之处，敬请各位读者提出宝贵意见和建议。如有具体的建议，请发送至笔者邮箱 my3d@163.com。希望与各位读者一起进步，谢谢！

许建锋

2023 年 6 月

目　录 CONTENTS

————— Directory 目 录 —————

人工智能绘画概论

本章概述： 学习人工智能绘画（AI 绘画）的历史、概念、算法、原理，以及常用的 AI 绘画工具，最后简单介绍 Stable Diffusion 软件。通过本章的学习，读者将对人工智能绘画有一个全面的了解。

本章重点：

- 掌握人工智能绘画的概念
- 了解 Stable Diffusion 软件

当时间进入 2023 年，似乎在一夜之间，我们突然进入了 AIGC 时代。ChatGPT、必应、文心一言等各种人工智能工具纷纷进入我们的视野，同时各种 AI 生成的图像也呈现在我们面前。你能分辨出图 1-1 中的哪一幅图是由人工智能工具生成的吗？

图 1-1 人工智能生成的图像

它们都是由人工智能生成的作品，一般人已经很难分辨出哪些是人类的作品，哪些是由AI生成的作品，甚至有时候无法确定是否为相机拍摄的照片。

那么，什么是人工智能绘画（AI绘画）呢？人工智能绘画是利用计算机技术和人工智能算法生成或转换图像的艺术形式。这些作品包含各种类型，例如照片风格、卡通风格、油画风格、水彩风格、水墨风格等。通常，人工智能绘画使用深度学习技术，让计算机学习艺术家的风格和技巧，并生成新的图像。人工智能绘画可以创造独特的艺术品，也可以为现有的图像添加艺术效果。它已经在艺术、设计和广告等领域得到了广泛应用。图1-2为人工智能生成的水墨效果图。

图1-2 人工智能生成的水墨效果图

人工智能绘画与传统绘画有着本质的区别。如今的人工智能采用深度学习生成式神经网络的原理，模拟了生物的神经网络。其学习方法与人类相似，通过高效学习数亿幅甚至数百亿幅图像，将所学融会贯通，然后生成具有艺术价值的绘画作品。人工智能"师从人类"，受益于人类的启发，然而，它具有超越人类的潜力，所谓青出于蓝而胜于蓝。一个人通常只能从几位老师那里学习，而人工智能却可以通过数以亿计的"老师"进行学习，并且随着硬件计算能力的提升，其学习效率将变得极高。

有些人有这样的疑问：人工智能绘画是否属于拼图？答案当然不是，举个例子，人工智能可以用梵高风格绘制飞机、火车和计算机等现代物品，而这些物品在梵高时代并不存在。因此，人工智能具有智慧和创造力。图1-3为人工智能绘制的具有梵高风格的卡车。

图 1-3 梵高风格的卡车

人工智能绘画与传统绘画相比，具有以下特征：

（1）自动化：人工智能绘画可以自动完成一些任务，例如图像生成和颜色填充等，从而减轻了人类艺术家的工作负担。

（2）速度快：人工智能绘画可以在短时间内完成大量的绘画任务，这对于需要高效率完成绘画的场景非常有帮助。

（3）可重复性：由于人工智能绘画是基于算法完成的，因此可以在任何时间重复生成相同的图像，这对于需要大量复制的场景非常有用。

（4）无限可能性：人工智能绘画可以生成各种各样的图像，包括传统绘画风格以外的风格，这使得艺术家可以探索新的艺术形式和风格。

（5）数据质量依赖：人工智能绘画的生成结果很大程度上依赖于训练数据的质量。如果数据集质量不好，生成的图像质量也会受到影响。

（6）需要人类指导：虽然人工智能绘画可以自动生成图像，但在某些情况下，需要人类艺术家对生成的图像进行修饰和调整，以达到更理想的效果。

（7）缺乏情感：人工智能绘画缺乏情感和创造力，无法像人类艺术家一样表达深刻的情感和思想，这在某些情况下可能会限制其艺术价值。

1.1 人工智能绘画的历史

人工智能绘画的起源可以追溯到 20 世纪 50 年代。当时，艺术家和科学家开始使用计算机生成图像和图形，将绘画艺术与技术领域相结合。计算机图像可以被视为人工智能绘画的一部分。下面，我们将按照时间顺序来了解人工智能绘画发展的一些关键时间节点。

（1）在 20 世纪 50 年代，电子艺术先驱 Ben Laposky 使用计算机示波器生成了一幅艺术作品，如图 1-4 所示。

（2）在 20 世纪 60 年代，艺术家和科学家开始使用计算机的计算能力进行创作。图 1-5 是计算机艺术之父 Charles Csuri 用计算机生成的作品，名为"蜂鸟"。

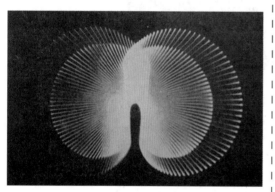

图 1-4 Oscillon（1953）Ben Laposky 作品

图 1-5 蜂鸟（1968）Charles Csuri 作品

（3）在 20 世纪 70—90 年代，随着计算机硬件和软件的不断进步，计算机图形学技术取得了重大突破。在这期间，Harold Cohen 开发了 AARON 绘画程序，并在随后的几十年中不断改进和完善，成为人工智能绘画领域的先驱之作。图 1-6 为 AARON 的一件作品。

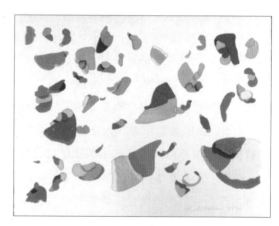

图 1-6 AARON 的作品（1974）

（4）在 21 世纪初，随着深度学习技术的发展，计算机视觉和图像生成算法取得了显著进展，为人工智能绘画提供了新的可能性。在 2009 年，基于深度学习的艺术风格迁移算法 DeepArt 发布，使得将某种艺术风格应用于图像成为可能。图 1-7 为基于 DeepArt 算法绘制的作品。

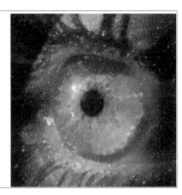

图 1-7 DeepArt 作品

真正意义上的人工智能绘画指的是基于深度学习模型进行自动作图的计算机程序，这种绘画方式的发展在时间上是较晚的。

（5）在 2012 年，Google 公司的吴恩达（Andrew Ng）和 Jef Dean 进行了一项实验，使用 1.6 万个 CPU 训练一个当时世界上最大的深度学习网络，用于指导计算机绘制猫脸图像。他们使用来自 YouTube 的 1000 万幅猫脸图像进行训练，历时 3 天，最终用得到的模型生成了一幅非常模糊的猫脸图像，如图 1-8 所示。

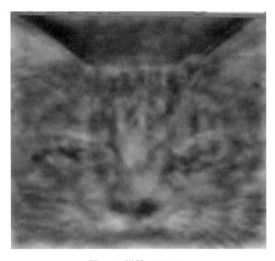

图 1-8 猫脸（2012）

这个模型的训练效率和输出结果对于当时的 AI 研究领域来说是一次具有突破意义的尝试。它正式开启了支持深度学习模型的人工智能绘画这个全新的研究方向。人工智能科学家们纷纷投入到这个新的具有挑战性的领域中，探索如何利用深度学习技术来生成具有艺术性的图像和绘画作品。这项实验的成功为后续的研究和发展奠定了坚实的基础，并推动了人工智能绘画的进一步发展。

（6）在 2014 年，AI 学术界提出了一个非常重要的深度学习模型，那就是著名的对抗生成网络（Generative Adversarial Network，GAN）。这个深度学习模型的核心理念是通过让两个内部程序，即生成器（generator）和判别器（discriminator），相互对抗平衡来获得结果。

生成器的目标是生成逼真的样本，如图像、音频等，而判别器的目标是尽可能准确地区分生成器生成的样本和真实样本。通过不断地进行对抗训练，生成器和判别器相互竞争、学习和提升，最终达到生成高质量样本的目的。

GAN 模型一问世就风靡 AI 学术界，在多个领域得到了广泛的应用。它也随即成为许多 AI 绘画模型的基础框架，其中生成器用来生成图像，而判别器用来评估图像质量。GAN 模型的引入极大地推动了图像生成、风格迁移等领域的发展，从而推动了 AI 绘画的发展。图 1-9 为基于 GAN 模型的 AI 绘画作品。

但是，使用基础的 GAN 模型进行 AI 绘画也存在明显的缺陷。一方面，对于输出结果的控制力较弱，往往容易产生随机图像，而 AI 艺术家的输出应该是稳定可控的。另一方面，生成图像的分辨率较低。

图 1-9 GAN 模型作品（2018），图像来源于 Brock

（7）在 2015 年，人工智能绘画领域取得了新的突破。Gatys 等人提出了著名的神经风格迁移论文，通过将卷积神经网络（CNN）应用于艺术风格迁移，使得人工智能绘画的技术更加成熟。这项研究将艺术风格与内容分离，并利用 CNN 的特征表示来实现图像的风格迁移。这一方法在艺术创作和图像处理领域引起了广泛的关注和应用，为人工智能绘画的发展带来了重要的进步。

（8）在 2015 年，Google 发布了一个名为深梦（Deep Dream）的图像工具，该工具引起了广泛的关注。深梦通过对图像进行迭代处理，强调和增强图像中的纹理和模式，创造出独特而幻觉般的视觉效果。深梦生成的画作吸引了很多人的注意，谷歌甚至为这些作品策划了一场画展，进一步展示了深梦在艺术领域中的潜力和影响。图 1-10 为深梦的作品之一《月球时代的白日梦》。

图 1-10 深梦作品《月球时代的白日梦》（Moonage Daydream）

2018 年，Obvious 艺术团队利用 GAN 创作的《肖像：埃德蒙·贝拉米》在佳士得拍卖中以 43.25 万美元的价格成交。这一事件意味着人工智能绘画正式被认可为一种艺术形式，并得到了市场的承认。这次拍卖成交的高价反映了人工智能绘画作品的独特性和艺术价值，同时也引发了对于人工智能在艺术创作中的探索和潜力的讨论。图 1-11 为 GAN 创造的这幅作品。

图 1-11 《肖像：埃德蒙·贝拉米》(2018)

（9）2021 年年初，OpenAI 发布了备受关注的 DALL-E 系统，这标志着人工智能开始具备一个重要的能力，那就是可以根据文字进行创作。DALL-E 系统利用深度学习模型生成图像，并能够根据文字描述来创造出与之对应的图像。这一技术的推出引起了广泛的关注和讨论，为人工智能在创作领域的发展带来了新的可能性。通过输入文字，人工智能可以生成与之相关的图像，这为创意产业和设计领域带来了新的创作工具和思路。图 1-12 为 DALL-E 系统创作的作品《戴珍珠耳环的少女》。

图 1-12 DALL-E 作品：《戴珍珠耳环的少女》

（10）在 2021 年 1 月，OpenAI 团队开源了他们的深度学习模型 CLIP（Contrastive Language-Image Pre-Training，对比文本－图像预训练模型），这是当时最先进的图像分类人工智能模型之一。

CLIP 模型的训练过程可以简单概括为：使用已标注好的"文字－图像"训练数据，分别对文字和图像进行模型训练。通过不断调整两个模型的内部参数，使得模型输出的文字特征值和图像特征值能够准确匹配对应的"文字－图像"关系。CLIP 模型与以往的"文字－图像"匹配模型不同，它利用了 40 亿个"文本－图像"训练数据。这么多的数据和昂贵的训练时间使得 CLIP 模型终于修成正果。互联网上的图像通常都带有各种文本描述，例如标题、注释、用户标签等，这些文本成为可用的训练样本。通过这种巧妙的方式，CLIP 的训练过程完全避免了最昂贵费时的人工标注，或者说，全世界的互联网用户已经提前完成了标注工作。这一创新为图像分类和语义理解领域带来了重要的突破，使得 AI 能够更好地理解和处理图像与文本之间的关系。

（11）2022 年 3 月，一个全球范围的非营利机器学习研究机构 LAION 开放了当前最大规模的开源跨模态数据库 LAION-5B。该数据库包含接近 60 亿（58.5 亿）个图像 - 文本对，可用于训练从文本到图像的生成模型以及用于给文本和图像的匹配程度打分的 CLIP 模型。这两种模型都是现代 AI 图像生成的核心。

LAION 不仅提供了大量的训练素材库，还训练 AI 根据艺术感和视觉美感对 LAION-5B 中的图像进行评分，并将得分较高的图像归入名为 LAION-Aesthetics 的子集。实际上，最新的 AI 绘画模型，包括随后提到的 AI 绘画 Stable Diffusion，都是基于 LAION-Aesthetics 这个高质量数据集进行训练的。这一数据集的质量和规模为 AI 绘画领域的研究和发展提供了重要的资源和支持。

（12）扩散模型的引入为 AI 绘画领域带来了新的思路，并弥补了 GAN 模型的一些不足之处。GAN 模型是生成对抗网络，它在附加条件方面表现较差。例如，在生成人脸后，很难进一步指定发型、细节等特定要求。为了解决这个问题，扩散模型被提出作为另一种思路。

扩散模型通过将图像加入高斯噪点形成噪点图，然后通过算法逆过程进行减噪，生成最终的图像。这种模型可以在噪点图的基础上进行操作，通过调整和控制噪点的分布，实现更加精细的图像生成。扩散模型已经成为主流的 AI 绘画软件的基础，它可以更好地满足用户对于图像的特定要求和细节控制，提供更灵活和个性化的绘画体验。

（13）Diffusion 模型是一种对于像素空间具有巨大算力需求的模型进行优化的方法。传统的扩散模型在像素空间中操作，因此需要大量的计算资源和内存。为了解决这个问题，提出了基于潜在空间的 Diffusion 模型，通过降低维度来减少计算和内存需求。

基于潜在空间的 Diffusion 模型与像素空间模型相比，能够显著降低内存和计算要求。例如，Stable Diffusion 模型使用的潜在空间编码缩减因子为 8，即将图像的长和宽都缩减 8 倍，一个 512×512 像素的图像在潜在空间中直接变为 64×64 像素，节省了 8×8=64 倍的内存。

这种基于潜在空间的优化能够在保持图像质量的同时，大幅度减少计算和内存需求，使得 Diffusion 模型在实际应用中更加高效和可行。这为 AI 绘画领域的发展带来了重要的技术突破，使得更多人能够在有限的硬件资源下享受到高质量的 AI 绘画体验。

（14）在 2022 年的 AI 领域，基于文本生成图像的 AI 绘画模型成为备受关注的主角。其中，Disco Diffusion 是一个在 2 月初开始爆红的 AI 图像生成程序，它能够根据描述场景的关键词渲染出相应的图像。这个程序的开发者是艺术家兼程序开发员 Somnai_dreams。

Disco Diffusion 的独特之处在于它能够通过文字输入描述来生成具有艺术感的图像，并且能够根据关键词准确地渲染出所需的场景。这种技术为艺术创作和设计领域提供了新的可能性，使得艺术家和创作者能够以更直观的方式表达他们的创意和想象。

Somnai_dreams 作为该程序的开发者，通过结合艺术和技术的力量，为 AI 绘画领域带来了新的创新和突破。图 1-13 为 Disco Diffusion 程序的界面。

图 1-13 Disco Diffusion

（15）2022 年 4 月，著名人工智能团队 OpenAI 发布了新一代的模型，名为 DALL-E 2.0。该名称来源于著名画家达利 Dalí）和电影《机器人总动员》（*Wall-E*）。同样类似于前一代的 DALL-E 模型，DALL-E 2.0 也具备从文本描述生成效果良好的图像的能力。DALL-E 2.0 在继承了前一代模型的基础上进行了改进和优化，以提供更高质量、更多样化的图像生成结果。

（16）2022 年 4 月，人工智能 Midjourney 邀请内测。由 Midjourney 创作的《太空歌剧院》作品一度引起了轰动，并在美国科罗拉多州举办的新兴数字艺术家竞赛中荣获"数字艺术／数字修饰照片"类别的一等奖。《太空歌剧院》的获奖彰显了人工智能在数字艺术领域的潜力和创造力。Midjourney 的创作展示了人工智能在图像处理和艺术创作方面的能力。图 1-14 为 Midjourney 创作的《太空歌剧院》。

图 1-14 《太空歌剧院》（2022）

（17）在 2022 年的 5 月和 6 月，Google 发布了两个重要的模型，分别是 Imagen 和 Parti，并开放了相关的论文。Imagen 模型和 Parti 模型都代表了人工智能图像处理领域的前沿技术，它们在图像生成、图像分割、图像处理等方面具有重要的应用价值。Google 的开放论文也为学术界和研究人员提供了宝贵的参考和研究资源。

（18）在 2022 年的 8 月，Stable Diffusion 模型开源。Stable Diffusion 是一个重要的 AI 绘画模型，通过扩散化和潜在空间的技术，实现了高质量图像的生成。该模型的开源使更多的研究人员和开发者能够了解和应用这一先进的 AI 绘画技术，促进了 AI 绘画领域的进一步发展和创新。这一开源的举措为艺术家和创作者提供了更多的工具和资源，推动了 AI 在艺术创作中的应用和探索。

（19）2022 年 8 月 26 日，基于家用 GPU 的训练模型 Dreambooth 正式宣布问世。12 天后，该模型的开源端口也被公布出来。随后的 25 天，Dreambooth 的训练所需的内存空间降低了整整 79%。到了 10 月 8 日，Dreambooth 已经能够在仅有 8GB 的 GPU 上进行训练。这些进展意味着 Dreambooth 模型在训练过程中对硬件资源的需求大大降低，使更多的个人用户和研究者能够在家用 GPU 上使用和训练该模型。Dreambooth 的出现为 AI 绘画领域带来了更加便捷和高效的训练方案，推动了 AI 艺术创作的普及和发展。

（20）2023 年 2 月，Stable Diffusion 基于图像精确控制的 ControlNet 发布。

（21）2023 年 3 月，Midjourney v5 正式发布。

（22）2023 年 5 月，著名的图像软件公司 Adobe 发布了 Firefly。

人工智能绘画（AI 绘画）作为一个充满探索和交流氛围的领域，将会在技术的不断发展和应用中不断取得进步。随着人工智能技术的不断成熟和进步，我们可以期待人工智能在艺术领域发挥更加重要的作用。

人工智能绘画不仅为艺术家和创作者提供了新的工具和资源，还激发了更多的创新和创造力。通过人工智能的算法和模型，我们能够以更加智能和高效的方式进行艺术创作，探索出更多新颖、独特的艺术表达形式。

未来，人工智能绘画有望在艺术领域带来更多的创新和发展。它将成为艺术家们的合作伙伴和创作工具，为艺术作品注入新的灵感和想象力。我们可以期待在人工智能的帮助下，艺术领域将迎来更多的突破和进步。

1.2 人工智能绘画的算法和原理

无论是 DALL-E 2、Midjourney 还是 Stable Diffusion，它们的主要算法和原理都基于扩散模型，并且它们之间也存在千丝万缕的联系。

人工智能是一种模拟人脑神经网络的技术。通过训练，它可以学习各种任务，比如绘画。当我们让 AI 学习绘画时，它会结合文字进行训练。通过大量填鸭式的训练，在某个时刻，它会突然领悟，能够根据文字要求进行绘画，并且它的绘画具有类似人类的逻辑性，它的能力得到了快速提升。

目前，扩散模型是最常用的 AI 生成图像的方法之一。扩散模型基于非平衡热力学，这是热力学的一个分支，专门研究不处于热力学平衡中的物理系统。一个典型的例子是一滴墨水在水中扩散。在墨水开始扩散之前，它会在水中某个地方形成一个大的斑点。如果要模拟墨水开始扩散前的初始状态概率分布，将会非常困难，因为这个分布非常复杂，很难进行采样。然而，随着墨水扩散到水中，水逐渐变成淡蓝色，墨水分子会更加简单和均匀地分布。此时，我们可以使用数学公式来描述其中的概率分布。非平衡热力学可以描述墨水扩散过程中每一步的概率分布。由于扩散过程的每一步都是可逆的，因此只要步长足够小，我们就可以从简单的分布中推断出最初的复杂分布。

通过墨水的例子，我们可以得到一个启示：如果我们使用像素图对模型进行存储，那么将需要大量的硬件资源；相反，如果我们使用高斯噪点图进行存储，那么采样分布将更加容易。我们可以轻松地使用数学公式描述高斯分布的概率，并从简单的高斯分布中进行采样。因此，模型库可以采用高斯噪点图进行存储，这样反转过程也相对容易。这种方法在节省存储空间的同时，还能够保留模型的重要特征。

为了便于理解，我们再举一个例子，扩散模型类似于乐高玩具，打散后就是一个个的小方块，相当于变成噪点，小方块组装成各种各样的造型，类似于去噪的过程。

扩散模型可以将材质、色彩、光影、位置关系、透视关系、风格、笔触等视觉元素转换为某个标记，并将这些标记储存在高斯噪点图中的空间位置。

应用于 AI 绘画的过程中，可以通过逐步添加高斯噪声（模拟墨滴在水中扩散）来处理一幅图像。最终，这幅图像会变成高斯分布（模拟墨滴最终均匀扩散到水中）。高斯分布是一种非常容易建模和采样的概率分布，因此它在 AI 绘画的训练过程中起到了重要作用。推理过程则是将这个过程逆向进行，从一个均匀分布的高斯分布中进行采样，并逐步去除噪声，最终得到一幅完整的图像，这也就是将墨水扩散的过程进行逆转的过程。

图 1-15 展示了扩散模型的加噪与去噪的过程。扩散模型的原理包括两个步骤：首先是正向扩散，逐渐给图像添加高斯噪声，直到获得纯噪声的图像；然后，通过训练一个神经网进行图像去噪，从纯噪声的图像开始，直到获得最终的图像。

那么，AI 绘画具体是怎么工作的呢？以 Stable Diffusion 为例，首先输入提示词，如"戴眼镜的少女"，然后 Stable Diffusion 开始工作，主要分为三个部分，如图 1-16 所示。

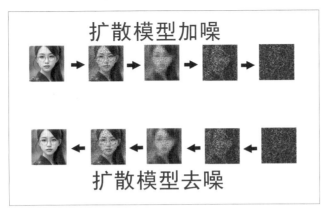

图 1-15 扩散模型的加噪与去噪

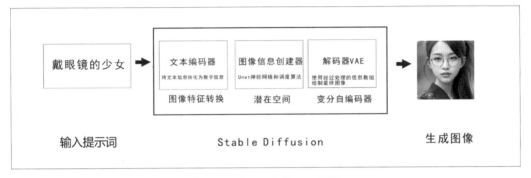

图 1-16 Stable Diffusion 原理

- 第一部分：文本编码。通过图像转换特征，把文本转换为数字信息，并提取出关键标记，如眼镜、少女、金属、年轻等。
- 第二部分：潜在空间生成。使用图像信息生成器，主要使用 U-net 调度算法生成图像。
- 第三部分：变分自编码器（VAE）编码。通过 VAE 图像解码器，把潜在空间 64×64 像素的图像解码成 512×512 像素的图像，从而绘制出训练图像。

注意 给 AI 绘图提供文本的提示词也被称为指令，被用户戏称为"咒语"。

通过 Stable Diffusion 的计算，可以在 WebUI 界面上生成直观的图像。

AI 绘画的过程实际上比描述的更加复杂。作为艺术工作者，我们很难像工程师一样深入了解其具体编码过程。然而，熟悉其基本原理对我们以后无论是生成图像、训练模型还是使用 ControlNet 工具编辑图像都会有很大帮助。这种了解有助于我们更好地创作和提高操作 AI 绘画工具的能力。

1.3 人工智能绘画的工具

目前在 AI 绘画领域，有一些比较知名的工具和模型，如 Stable Diffusion、Midjourney、DALL-E 2、Adobe Firefly 等。同时，国内的文心一格也已经开发并开始测试。这些工具和模型都在 AI 绘画领域有一定的影响力，提供了创作和编辑图像的功能，为艺术家和创作者带来了更多的可能性和创作灵感。随着技术的不断发展，预计会有更多创新的工具和模型涌现，推动 AI 绘画领域的进一步发展。

1 Midjourney

Midjourney 是目前用户较多的 AI 绘画工具。它在 2022 年 4 月推出了第 2 版，7 月 25 日发布了第 3 版，11 月 5 日又发布了第 4 版的 alpha 迭代版供用户使用。而在 2023 年 3 月 15 日，第 5 版的 alpha 迭代版也已经发布，它的写实作品"中国情侣"（见图 1-17）在国内风靡一时。

Midjourney 以其效果良好、简单易上手的特点受到用户的喜爱。它经过模型优化，即使在提示词较为简单的情况下，仍能产生出较好的艺术效果。

此外，Midjourney 还提供了一系列功能，如图像放大（Upscale）、图像变体（Variation）、

图 1-17 中国情侣

定向修改（Remix）、图像提示（Image prompt）、与机器人私聊生成图像（DM to Bot）以及个人画廊手机版（Gallery）等，并且还在不断进步和创新。

2023 年 5 月，Midjourney 官方宣布将推出中文版，并在 QQ 频道上进行内测，邀请中国创作者参与测试。这次内测将不再需要登录国外服务器，支持中文提示词，为中国用户带来了便利。

2 DALL-E 2

DALL-E 2 是 OpenAI 开发的 DALL-E 的升级版。其名称是由西班牙著名艺术家 Salvador Dalí 和广受欢迎的皮克斯动画机器人 Wall-E 组合而来。图 1-18 为 DALL-E 官网的部分作品。

图 1-18 DALL-E 官网作品

2022 年 7 月，DALL-E 2 进入了测试阶段，用户登录 DALL-E 2 的官网并创建账户就可以进行体验。在这个平台上，我们可以使用不超过 400 个字符的描述性文本，让 AI 艺术生成器处理并生成相应的图像。这种体验并非免费的，DALL-E 的用户每月只能免费生成 15 幅图像，额外的生成需要付费。

值得注意的是，DALL-E 的输出经过了过滤，以避免生成包含暴力、裸露或逼真人脸的图像。此外，DALL-E 的生成范围也被限定，不会创建公众人物或名人的图像。

3 Adobe Firefly

Adobe Firefly 是 Adobe 公司旗下的生成式 AI 工具，已经集成到 Photoshop 中，正版用户可以使用 AI 进行创作。Adobe 公司在全球范围内拥有大量的用户群体，而且他们表示 AI 引擎将来还将整合到他们开发的剪辑和合成软件中。图 1-19 为 Firefly 网页。

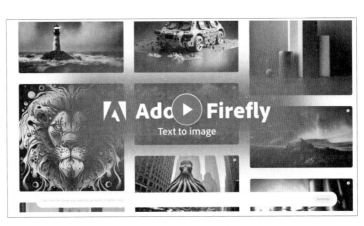

图 1-19 Firefly 网页

4 文心一格

　　文心一格是百度公司开发的产品，它是基于文心大模型的文生图系统实现的人工智能绘图工具。2022 年 8 月 19 日，在中国图象图形大会（CCIG 2022）上正式发布了文心一格，这是百度利用飞桨（PaddlePaddle）和文心大模型技术创新推出的首款"AI 作画"产品。图 1-20 为文心一格的部分测试作品。

图 1-20　文心一格的测试作品

　　在文心一格平台上，用户可以通过每天签到和发布作品来获得积分。这些积分可以用于创作，并与其他创作者进行交流和分享。

1.4　Stable Diffusion 简介

　　Stable Diffusion 在 2022 年 8 月开源，是由慕尼黑大学的 CompVis 研究团队开发的生成式人工神经网络。该项目由初创公司 StabilityAI、CompVis 和 Runway 合作开发，并得到了 EleutherAI 和 LAION 的支持。截至 2022 年 10 月，StabilityAI 已筹集了 1.01 亿美元的资金。Stable-Diffusion-WebUI 是一个能够在浏览器上运行的网页版，它是一个具有跨时代意义的产品，让普通用户能够真正体验到 AI 绘画的无限魅力。图 1-21 为 Stable Diffusion 生成的作品。

　　Stable Diffusion 具有以下特点：

　　（1）发展潜力巨大：Stable Diffusion 不仅为专业人士提供高效、精确和富有创意的工具和资源，还让没有美术基础的普通人通过提示词创作出令人惊叹的作品。传统绘画需要长时间的练习和技能积累，而 AI 绘画技术利用机器学习和深度学习算法，能更轻松地表达创意和想法。

图 1-21 Stable Diffusion 生成的作品

（2）丰富的功能：Stable Diffusion 不仅可以通过文字生成图像，还可以通过素材图生成新的图像，用户还可以在软件中训练自己的模型。此外，Stable Diffusion 的功能在逐步提升，不断地加入新的插件和脚本。

（3）多样的模型：作为开源软件，Stable Diffusion 拥有众多爱好者训练的模型，这些模型可以在平台上发布供用户下载和测试。

（4）强大的可控性：2023 年 2 月，精确控制插件 ControlNet 的推出拓展了 Stable Diffusion 的功能，使它能更好地解决 AI 绘画过程中的随机性问题。

（5）免费单机使用：Stable Diffusion 的免费单机使用是其最大的优势，用户可以通过不断探索和使用该工具，从大量的作品中找到自己喜欢的作品。

（6）开放性带来质疑：尽管开放性使得 Stable Diffusion 在改进速度上超过其他竞争对手，但也带来了一些质疑，例如内容过于敏感，有暴力问题和版权问题。它受到 AI 艺术界的赞扬，但也受到传统艺术家的批评。有人喜欢它，有人对它持有批评态度。无论如何，AI 已经打开了大门，让我们紧跟时代的步伐，不断向前发展。

1.5 思考与练习

思考题：什么是人工智能绘画（AI 绘画），它与普通绘画有什么区别？

练习题：请访问文心一格网站，尝试画一幅 AI 绘图作品。

Stable Diffusion 基础

AI 绘画
Stable Diffusion
从入门到精通

本章概述： 学习 Stable Diffusion 的安装方法、界面布局以及工作的基本流程。

本章重点：

- 掌握 Stable Diffusion 界面中常用的参数
- 了解 Stable Diffusion 的工作流程

2.1 Stable Diffusion 的安装

　　Stable Diffusion 的最大优势是其开源性，它能够在家用消费级 GPU 上进行单机计算。虽然 Stable Diffusion 也可以在 Discord 平台线上操作，但由于外网访问受限、生成速度慢且可控性弱，因此拥有一台配备良好显卡的计算机是必要的。

　　Stable Diffusion 推荐的配置是英伟达（NVIDIA）显卡 2060 及以上型号，即我们常说的 N 卡。虽然 Stable Diffusion 也可以通过 CPU 运行，但速度较慢，不值得推荐。Stable Diffusion 生成图像的速度与显卡配置成正比，4 系显卡和 3 系显卡之间的速度差异呈几何级增长，如图 2-1 所示。

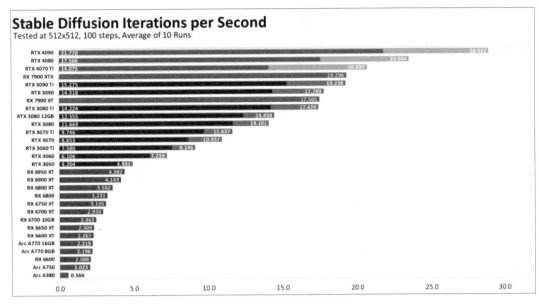

图 2-1 英伟达显卡在 Stable Diffusion 中的速度测试（来源：https://www.tomshardware.com/）

2.1.1 Stable Diffusion 整合包的安装

根据官方说明，在计算机主机上安装 Stable Diffusion 需要进行一系列相对复杂的流程，主要是配置系统环境。如果读者有较好的计算机基础，那么可以按照网上的教程一步一步进行配置。然而，对于美术爱好者来说，这些步骤可能会有些复杂。因此，笔者推荐下载整合包进行安装。在国内有很多网站可以下载整合包，笔者也会在网盘中分享整合包以及常用的模型和插件。

本书使用的整合包是 Stable Diffusion WebUI，是一款比较通用的具有 Web 界面的 Stable Diffusion 版本。

所谓的整合包是由一些熟悉计算机系统的技术爱好者制作的压缩包，其中集成了软件、汉化、环境配置以及部分模型和插件。整合包的目的是方便初学者运行软件，使安装过程更简单。Stable Diffusion 的整合包经过多次迭代，技术已经比较成熟，可以直接使用。

下载完整合包后，将它解压到硬盘中，并打开文件夹目录。在目录中找到启动器（或者叫启动助手）的文件，双击以执行它。这样就会打开启动助手的界面，如图 2-2 所示。

不同的整合包和启动器可能会导致启动界面有所不同，并且版本之间也可能存在差异。然而，Stable Diffusion 的主程序功能大致相同，参数通常是通用的。

图 2-2 启动助手界面（由秋叶 aaaki 制作）

启动助手具备自动检测计算机配置的功能，并集成了多个功能，例如自动更新、插件升级、模型安装和常用网站等。

当单击"一键启动"按钮时，软件会自动配置计算机环境。当出现网址（例如http://127.0.0.1:7860/）时，表示启动成功。新版本的启动助手可以自动在浏览器中启动Stable Diffusion。如果不能自动启动，就将http://127.0.0.1:7860/复制到浏览器中手动运行。

图 2-3 为 Stable Diffusion 启动后的控制台界面，在 Stable Diffusion 软件执行期间不要关闭控制台界面，如果 Stable Diffusion 软件在运行过程中遇到问题，就可以看一下控制台的信息，会有相关提示。

图 2-3 Stable Diffusion 软件启动后的控制台界面

2.1.2 模型的安装

模型数量最多的两个网站是 Civitai 网站（https://civitai.com/）和 Hugging Face 网站（https://huggingface.co/），这两个网站都是国外的网站。

Civitai 也被称为 C 站（见图 2-4），提供了大量精彩纷呈的模型。有了这些模型，我们可以借助 AI 成为绘画大师，创作出各种我们想要的效果。

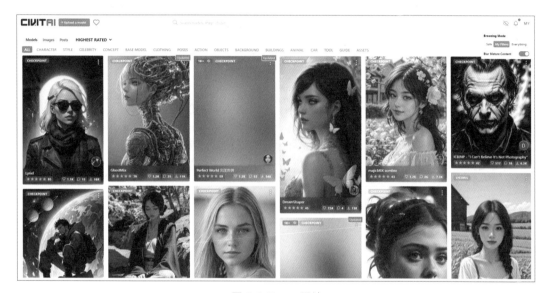

图 2-4 Civitai 网站

> **注意** 这里所说的模型是大模型或主模型，也被称为基础模型或者底模型，它是 Stable Diffusion 能够绘图的基础。Stable Diffusion 安装完后，必须搭配主模型才能使用。不同的主模型，其画风和擅长的领域会有侧重。

在网站中，Checkpoint 是 Stable Diffusion 的主模型，其后缀名为 safetensors。下载完成后，将它复制到 Stable Diffusion 的安装目录 stable-diffusion-webui\models\Stable-diffusion 中。

国内的模型网站如雨后春笋般发展，其中目前比较稳定的是哩布哩布 AI（见图 2-5），网址是 https://www.liblibai.com/。这个网站上既有 Civitai 网站常用的模型，也有许多爱好者上传的原创模型。在这个网站上，可以找到更多的模型资源来丰富 Stable Diffusion 的使用体验。

图 2-5 哩布哩布 AI 网站

2.1.3 插件的安装

插件（也被称为扩展）是对 Stable Diffusion 软件功能的补充。大部分整合包已经包含了常用的插件，但如果没有的话，就需要手动安装插件。插件的安装方法通常相似，我们可以举一反三进行操作。

以 LoRA 插件为例，它是最常用的插件之一。在 Civitai 网站上，有数以万计的 LoRA 模型可供使用，同时我们也可以使用个人计算机训练自己的 LoRA 模型。LoRA 插件可以调整生成的头像、姿势、风格等，提供了更多的自定义选项。其实 LoRA 不是主模型，属于微调模型。在本书后续的内容中，读者要注意区分主模型和微调模型。

插件的安装有 3 种方法：

方法 1：

步骤 01　成功启动 Stable Diffusion WebUI 后，单击"扩展"页签（也称为功能选项卡），然后单击"可下载"页签，接着单击"加载扩展列表"按钮，页面底部会自动加载可用的插件列表，如图 2-6 所示。

已安装	可下载	从网址安装	
	加载扩展列表	扩展列表地址	
		https://raw.githubusercontent.com/AUTOMATIC1111/stable-diffusion-webui-extensions/master/index.json	

图 2-6 插件加载界面

步骤 02 滚动页面，找到"Kohya-ss Additional Networks"插件，如图 2-7 所示。

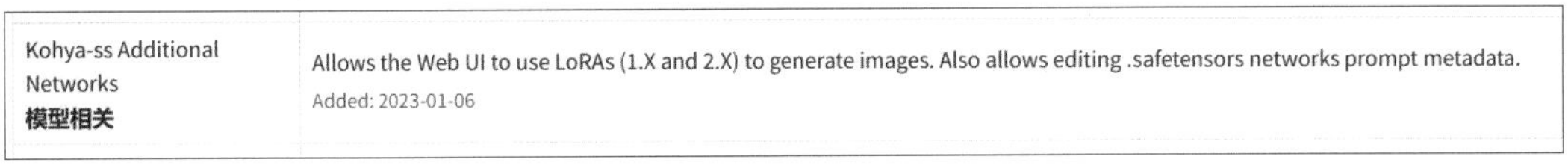

Kohya-ss Additional Networks **模型相关**	Allows the Web UI to use LoRAs (1.X and 2.X) to generate images. Also allows editing .safetensors networks prompt metadata. Added: 2023-01-06

图 2-7 插件安装界面

步骤 03 单击其后面的 Install 按钮进行安装。当 Installing 消失时，表示安装成功。

步骤 04 重新启动 Stable Diffusion，我们就可以在 Stable Diffusion 的 WebUI 界面中看到已经成功安装的 LoRA 插件。

步骤 05 在安装完插件后，还需要安装相应的模型。读者可以从 Civitai 网站或者网盘下载所需的模型文件。

步骤 06 下载完模型后，将它复制到以下目录中：

```
\Stable-Diffusion-webui\extensions\sd-webui-additional-networks\models\lora
```

这样，我们就完成了 LoRA 插件和配套微调模型的安装过程。

方法 2:

如果在"可下载-加载扩展列表"中无法找到某些插件，我们可以使用另一种方法进行安装。

步骤 01 单击"扩展"页签，然后单击"从网址安装"页签，在"扩展的 git 仓库网址"中输入插件的安装地址。例如，对于 LoRA 插件，其地址为：

```
https://github.com/kohya-ss/sd-webui-additional-networks
```

通过输入插件的地址，我们可以从指定的 git 仓库中安装插件。这种方法可以帮助我们安装那些未在可下载列表中列出的插件。

GitHub 是一个面向开源和私有软件项目的托管平台，也是一个代码托管云服务平台。开发者可以在 GitHub 上存储、管理和追踪其项目的源代码，并控制用户对代码的修改。作

为一个开源程序，Stable Diffusion 的许多工具和资源都可以在 GitHub 上找到。在 GitHub 上，我们可以下载插件、模型，并获取权威的教学资料。

步骤 02 在输入插件的安装地址后，单击"安装"按钮进行安装。安装成功后，仍然需要关闭 WebUI 界面，重新启动 Stable Diffusion 后才能正常运行安装的插件。

方法 3：

直接从开源网址下载 ZIP 文件。

步骤 01 在浏览器打开插件的地址：https://github.com/kohya-ss/sd-webui-additional-networks，单击 Code 按钮，然后选择 Download ZIP 选项即可下载插件的 ZIP 文件，如图 2-8 所示。

步骤 02 解压 ZIP 文件，并把解压后的文件夹复制到 \Stable-Diffusion-webui\extensions\ 目录中。

图 2-8 插件压缩包下载

> **注意** LoRA 插件的使用与其他插件有所不同。如果不希望在插件选项中使用 LoRA，而是直接在提示词中使用它，那么 LoRA 的微调模型应该被复制到 \stable-diffusion-webui\models\lora 目录中。这样，我们可以直接通过提示词来使用 LoRA 插件。

请确保按照上述步骤进行操作，然后重新启动软件，以完成插件的安装和配置。

2.2 Stable Diffusion 的界面布局

启动 Stable Diffusion 后，我们就可以开始学习界面中的基础参数设置。

2.2.1 模型

在 Stable Diffusion 中，最重要的是主模型，它对所绘画面起到决定性的作用。拥有成百上千的开源模型是 Stable Diffusion 的优势之一，这些模型可以通过 Civitai 网站进行下载，该网站聚集了全世界的 AI 绘画爱好者，每天都有新的模型分享，这些分享的模型通常以 Checkpoint 的形式提供。

Checkpoint 模型是 Stable Diffusion 绘图的基础模型，因此被称为大模型、底模型或者主模型。在 WebUI 上，它被称为 Stable Diffusion 模型。安装完 Stable Diffusion 软件后，必须搭配主模型才能使用。不同的主模型具有不同的风格和擅长的领域，因此可以根据需要选择适合的主模型。图 2-9 为在相同提示词下 3 个不同模型库绘制出的不同风格的图像。

ChilloutMix 模型　　　　　　CounterfeitV25 模型　　　　　deliberate_v2 模型

图 2-9　在相同提示词下 3 个不同的模型库绘制出不同风格的图像

Checkpoint 模型可以直接生成图像，而不需要额外的文件。然而，这些模型的文件通常较大，一般为 2GB~7GB。

除了 safetensors 之外，主模型的文件后缀还有 ckpt，但如果两者都有的话，建议下载 safetensors 版本。两者功能相同，但 safetensor 版本的文件占用空间较小。

下载后存放路径为：\Stable-Diffusion-webui\models\Stable-diffusion。

不同的模型库具有不同的风格，例如 GhostMix 是由 Ghost_Shell 训练的，它可以生成一种类似于科技感的 2.5D 风格的图像。如果我们需要制作这种类型的图像，可以下载该模型来生成图像。图 2-10 为用 GhostMix 模型生成图像的示例。

第二种类型是二次元卡通风格的模型库，如 Counterfeit（见图 2-11）。

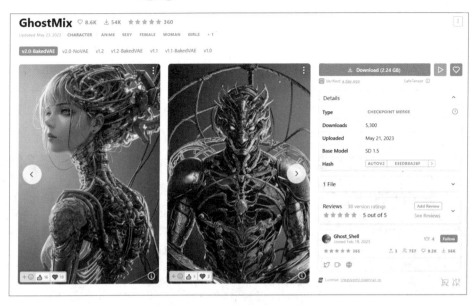

图 2-10　GhostMix 模型

图 2-11　Counterfeit 模型

第三种主模型的类型是写实模型库，它在照片风格的图像生成上有广泛的应用。其中比较典型的模型是 ChilloutMix（见图 2-12）。

图 2-12 ChilloutMix 模型

除了二次元卡通风格和写实模型库之外，还有其他一些基础性、场景型和风格类的主模型可供选择。这些模型可以分为综合性模型和专业性模型两类。综合性模型能够生成各种类型的主体，而专业性模型则只能生成某一特定类型的主体。即使使用相同的提示词，不同的模型库有时会产生完全不同的效果。因此，为了确认所需的模型类型，需要进行多次测试，并根据测试效果来做出选择。

在 Civitai 网站，还有其他类型的模型可以下载，如 Textual Inversion、Hypernetwork、LoRA、LyCORIS、Controlnet、VAE 等。

- LoRA 模型：属于微调模型，可以固定某一类型的人物或者画面的风格。这些模型的文件大小通常为 10 MB ～ 200 MB，必须与 Checkpoint 模型一起使用。
- LyCORIS 模型：它可以让 LoRA 学习更多的层，可以看作升级的 LoRA，归类为 LoRA 模型，属于微调模型的一种。
- Controlnet 模型：它是一种神经网络结构，通过添加额外的条件来控制扩散模型。
- Textual Inversion 模型（也称为 Embedding）：它是一种用于定义新关键词以生成新人物或图像风格的小文件，它也属于微调模型，用于个性化图像的生成。该模型的安装目录为 stable-diffusion-webui/models/Embedding。

- Hypernetwork 模型：它是添加到 Checkpoint 模型中的附加网络模块，是个性化模型的一种。该模型的安装目录为 stable-diffusion-webui/models/hypernetworks。

- VAE 模型：全称为 Variational Autoencoder，中文叫变分自编码器。它的作用是滤镜＋微调。大部分主模型训练时自带了 VAE，它是一种美化模型，比如我们常用的 ChilloutMix 主模型，如果再加 VAE 美化模型可能图像效果会适得其反。如果我们生成的图像颜色不正常，就需要检查主模型配套的 VAE 模型。

2.2.2 功能选项卡

功能选项卡（页签）汇集了 Stable Diffusion 的各种功能，不同的整合包会有不同的选项卡，本书使用的 Stable Diffusion WebUI（秋葉制作）版本的选项卡界面如图 2-13 所示。

| 文生图 | 图生图 | 后期处理 | PNG 图片信息 | 模型合并 | 训练 | Additional Networks |
| 模型转换 | 图库浏览器 | WD 1.4 标签器（Tagger） | 设置 | 扩展 | | |

图 2-13 Stable Diffusion 的选项卡

各选项卡的说明如下：

- 文生图：通过文字提示词生成图像。
- 图生图：通过图像＋提示词生成图像。
- 后期处理：放大图像分辨率。
- PNG 图像信息：导入 Stable Diffusion 生成的图像，可以反推出提示词。
- 模型合并：对模型库进行合并融合。
- 训练：训练自己的模型。
- Additional Networks：LoRA 微调模型插件。
- 模型转换：转换 Checkpoint 格式。
- 图库浏览器：图像查看工具。
- WD 1.4 标签器（Tagger）：从图像反推提示词。
- 设置：Stable Diffusion 软件的各项设置。
- 扩展：插件的安装与更新。

2.2.3 采样方法（Sampler）

扩散模型的原理是对图像进行加噪与去噪处理。其中，Stable Diffusion 采样是一种去噪算法，它在每个去噪步骤后生成图像并与文本提示词进行比较，然后对噪声进行一些修改，直到生成的图像逐渐与文本（即提示词）描述相匹配。

从速度、提示词理解准确度和最终成图效果等维度考量，目前推荐使用的采样器有：Euler a、DPM++2M Karras、DPM++2S a Karras 和 DPM++SDE Karras。

- Euler a 是默认的采样器，具有较好的平衡性，能够呈现出平滑的颜色和边缘。
- DPM++2M Karras 通常用于卡通渲染，速度也比较快。
- DPM++2S a Karras 和 DPM++SDE Karras 常用于写实渲染。

在面板中显示了全部的采样器，我们可以隐藏一些不需要的采样器，以使界面更简洁。我们首先选择选项卡的"设置→采样器参数"，在"用户界面中隐藏的采样器"中勾选需要隐藏的采样器，如图 2-14 所示，然后重新启动 Stable Diffusion。

图 2-14 隐藏采样器

2.2.4 迭代步数（Steps）

Stable Diffusion 是从一个充满噪点的画布开始创建图像，然后逐渐进行去噪处理，以达到最终的输出效果。Steps 参数用于控制去噪步骤的数量。一般来说，步数越多越好，但我们使用的默认值是 20 步（见图 2-15），这个步数已足以生成各种类型的图像。除非需要非常详细的纹理，否则一般不建议超过 30 步，因为太多的步数有时反而会导致错误的结果。

图 2-15 迭代步数

2.2.5 总批次数和单批数量

总批次数是指显卡一次性生成图像的批数，单批数量是显卡一次生成的图像数量。每次

单击"生成"按钮，生成的图像总数量 = 总批次数 × 单批数量，如图 2-16 所示。

图 2-16 生成图像数量

注意 单批数量是指显卡一次性生成的图像数量。在生成的总图像数一样的情况下，调高单批数量的值比调高总批次数的值在整体上速度会快一点，但是过高单批数量的值可能导致显存不足，以致图像生成失败。而总批次数不会导致显存不足，只要时间允许，会一直生成直到所有输出完成。这是典型的以空间换时间或以时间换空间的例证。

2.2.6 输出分辨率（宽度和高度）

图像分辨率的重要性不言而喻，它直接决定了图像内容的构成和细节的质量，图 2-17 是 Stable Diffusion 中用于设置图像分辨率（画幅）的设置项。

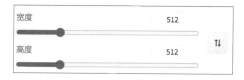

图 2-17 分辨率（画幅）

输出大小决定了画面内容的信息量。在大图上，才能有足够的空间表现出全身构图中的脸部、饰品、复杂纹样等细节。如果图像的画幅过小，那么细节将不足以得到充分的表现。

然而，随着画面尺寸的增大，AI 模型倾向于在图像中塞入更多的内容。大多数 Stable Diffusion 模型是在 512×512 像素下训练的，只有少数在 768×768 像素下训练。因此，当输出尺寸较大（例如 1024×1024 像素）时，AI 会试图将两到三幅图像的内容嵌入图像中，导致出现肢体拼接、多人、多角度等情况。因此，如果需要较大的画面尺寸，则需要提供更多的提示词。如果提示词较少，则可以先生成较小的图像，然后通过附加功能将它放大为大图。

2.2.7 提示词引导系数（CFG Scale）

较低的 CFG 值使 AI 在生成文本时具有更多的创造力和自由度，而较高的 CFG 值则更多地迫使 AI 遵循提示词的内容。

默认的 CFG 值为 7（见图 2-18），这是在创造力和提示词之间取得最佳平衡的值。通常不建议将该值设为低于 5，因为太低的值会使得提示词无法有效控制生成的图像，而将该值设为高于 16 可能会导致图像出现丑陋的伪影。

图 2-18 提示词引导系数

- CFG 2 ～ 6：这些值可以扩展我们的创意，但可能会失真，因为计算机有过多的自我发挥余地，无法按照提示词进行操作。
- CFG 7 ～ 10：这些值是推荐的设置，可以在创造力和提示词之间取得良好的平衡。
- CFG 10 ～ 15：只有在提示词把主体外观和场景描述得比较详细时，才应将 CFG 值设置在这个范围内。
- CFG > 16：通常不建议将 CFG 值设为超过 16，除非提示词的描述内容非常详细，否则生成的图像很容易出现问题。

2.2.8 随机数种子（Seed）

随机数种子（见图 2-19）代表初始随机噪声的数字，不同的随机数种子会得到不同的生成图像。设置 Seed 值为 "–1"，表示 Stable Diffusion 可以是任何一个随机值。

图 2-19 随机数种子

2.2.9 "生成"按钮下的 5 个图标按钮及其功能

"生成"按钮下有 5 个图标按钮，如图 2-20 所示。

各个按钮的功能说明如下：

图 2-20 "生成"按钮下的 5 个图标按钮

- ✔：读取上一次生成图像的提示词。如果用户界面描述词语句为空，则从描述词语句或上一次中读取生成参数到用户界面中。
- 🗑：清除面板中的提示词。
- 🖼：显示或隐藏安装在 Stable Diffusion 中的扩展模型。
- 📋：读取保存的提示词。
- 💾：保存提示词。

2.2.10 WebUI 中面部修复、可平铺、高分辨率修复的功能

- 面部修复：适用于照片写实图像，用于突出脸部细节。
- 可平铺：使纹理贴图连接效果更好，但贴图容易错乱，在生成图像的贴图出现问题时才使用该设置。
- 高分辨率修复：可以增加图像的分辨率。由于显卡型号和显存的限制，Stable Diffusion 直接生成高清分辨率（如 1920×1080 像素）可能会导致显卡崩溃。因此通过这个功能可以放大图像的分辨率。

勾选"高分辨率修复"选项后，会弹出一个新的面板。在放大算法中，一般情况下，在选择写实效果时使用"R-ESRGAN 4X+"，在选择二次元效果时使用"R-ESRGAN 4X+Anime6B"。根据显卡的配置，设置适当的放大倍率，过高的倍率也可能导致显卡崩溃。其他参数可以使用默认设置。

2.2.11 输出图像框下方的切换按钮及其功能

输出图像框下方的切换按钮如图 2-21 所示。

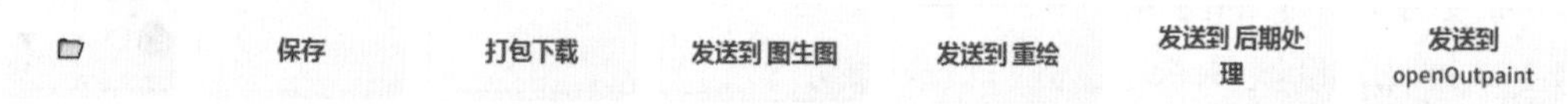

图 2-21 输出图像框下方的切换按钮

各个按钮的功能说明如下：

- ▢ ：打开图像（图片）输出目录（即文件夹）。
- 保存 ：保存文件（将图像写到目录并把生成的参数写入 CSV 文件）。
- 打包下载 ：压缩文件和保存。
- 发送到 图生图 ：把图像和提示词快速切换到图生图中。
- 发送到重绘 ：局部修改图像。
- 发送到 后期处理 ：放大图像分辨率。
- 发送到 openOutpaint ：发送到 openOutpaint 插件。

2.3 Stable Diffusion 的工作流程

本节通过一个海底场景小案例来学习 Stable Diffusion 的工作流程。该案例的最终效果如图 2-22 所示。

图 2-22 案例效果

操作步骤如下：

步骤 01　解压 Stable Diffusion 的整合包后，双击 Stable Diffusion 启动助手可执行文件（.exe），然后单击"一键启动"按钮。Stable Diffusion 软件自动进行批处理，启动成功后会在网页浏览器中打开 Stable Diffusion 的软件界面，如图 2-23 所示。

图 2-23 Stable Diffusion 软件界面

步骤 02　使用 ChilloutMix 主模型。

提示词：许多热带鱼，五颜六色，明亮，底部，珊瑚礁，早晨，雾，斑驳的光。

把这些文字输入翻译软件，翻译成英文的结果：Lots of tropical fish, colorful, bright, bottom, coral reef, morning, fog, dappled light。

把这些英文提示词复制到文生图提示词框中，如图 2-24 所示。Stable Diffusion 有两个提示词框，上面的框输入正向提示词，下面的框输入反向提示词，反向提示词在本案例中不启用。

图 2-24 输入提示词

目前 Stable Diffusion 软件只支持英文提示词，虽然个别模型库也支持中文，但模型库不够完善。

步骤 03 将采样方法设置为 "DPM++2M Karras"，如图 2-25 所示。这个采样器效果良好且速度较快。

图 2-25 更改采样方法（即采样器）

步骤 04 采样步数设置为 30，如图 2-26 所示。这个参数会影响画面的精度。

图 2-26 采样步数的设置

步骤 05 提示词引导系数设置为 10，代表提示词的强度，如图 2-27 所示。

图 2-27 提示词引导系数的设置

步骤 06 图像分辨率设置为 768×768 像素，如图 2-28 所示。画幅越大，画面的细节会更丰富。

图 2-28 分辨率的设置

步骤 07 总批次数设置成 4，一次性输出 4 幅图，如图 2-29 所示。

图 2-29 生成数量参数

步骤 08 单击右上角的"生成"按钮，如图 2-30 所示。

图 2-30 "生成" 按钮

步骤 09 根据计算机配置的不同，生成过程可能需要一段时间。等待一段时间后，我们就能看到生成的效果图了。可以用鼠标单击生成的图像，放大图像进行观察，如图 2-31 所示。

图 2-31 生成图像的效果

通过这个案例可以发现AI绘画的操作非常简单，它的效果主要通过提示词的下达来实现，速度也非常快。每次生成图像都能带来一种打开盲盒的快感。

2.4 思考与练习

思考题：熟悉软件参数面板，掌握面板上常用的参数功能。

练习题：生成图像"海底世界"。

Chapter

本章概述： 学习正向指令和反向指令的用法，掌握提高画面质量的提示词提炼技巧。

本章重点：

- 学习提示词的内容和语法
- 掌握提示词的权重应用技巧

在构思一幅画面时，我们脑海中会出现以下问题：

（1）想要创造一张摄影照片还是一幅绘画作品？

（2）照片的主题是什么？人物、动物，还是风景？

（3）希望添加哪些细节？

（4）需要什么样的艺术效果？

······

这些问题的答案形成一段文本，将这段文本输入 AI 软件后生成一幅图，这就是文生图（Text-To-Image）的过程。

举例来说，根据这些问题，我们使用一组词"一只蝴蝶，在空中飞翔，自然光，以明亮的色彩呈现（A butterfly, flying in the air, with natural light, presented in bright colors）"，在 Stable Diffusion 中生成的作品如图 3-1 所示。

文生图是一种人工智能技术，它可以将自然语言文本转化为相应的图像。具体而言，文生图技术通过输入一段文本描述（Prompt，即提示词），如一个词、一句话或一个段落，告诉程序我们的意图，从而生成与文本描述相对应的图像。

图 3-1 蝴蝶

文本描述概括来说就是提示词或指令。提示词是AI绘画的核心，我们也把它称为"咒语"，因为画面的内容取决于下达的提示词，所以提示词的好坏决定了画面的质量。

目前，Stable Diffusion 只支持英文，多个提示词之间用逗号隔开。我们可以借助翻译网站或翻译工具来把中文翻译成英文。

3.1 提示词的类型

提示词分为正向提示词与反向提示词。

在 Stable Diffusion 软件的界面布局中，有上下两个提示词输入框，如图 3-2 所示。上面的提示词输入框输入正向提示词，下面的提示词输入框输入反向提示词。

图 3-2 提示词输入框

3.1.1 正向提示词

正向提示词是指我们需要生成图像的文本描述。

举个例子，如果我们想要绘制一个荷花场景，可以用以下文字进行描述："在广阔的湖面，波光粼粼，有无数的荷叶，有的是浅绿色，有的是深绿色，真是太美了。"我们借助工具将它们翻译成英文："In the vast lake, sparkling, there are countless lotus leaves, some light green, some dark green, it is really beautiful." 用这段作文形式的提示词生成的图像如图3-3所示。

图 3-3 用作文形式的提示词生成的图像

在大多数情况下，我们并不需要像写作文一样写很长的段落，只需要关键词即可，也不需要过于注重语法。例如，我们将之前的那段话提炼为"荷叶，绿色，湖面"，生成的图像效果也相差无几，如图3-4所示。

图 3-4 关键词形成的画面

扩散模型是通过对无数个文本和对应图像的训练而得到的。在 AI 绘画中，提示词中的单词和短语被分解成更小的部分，称为 Token，即文本标记，它们是用计算机语言编写的字符串。这些 Token 与扩散模型中的训练数据进行比较，并用于生成图像。因此，AI 绘画对文字的格式、语法和翻译精确度的要求并不高，它主要通过识别扩散模型中的文本标记来进行取样，而这些文本标记分散在模型的各个位置，因此并不具备连贯性。

发出清晰明确的提示词可以帮助 AI 绘图程序更好地理解我们的意图。如果我们使用 ChatGPT 等辅助工具来编写提示词，完成后需要提炼关键词。这样做不仅可以精简字数，还可以更明确地表达我们的意图。

3.1.2 反向提示词

反向提示词是指我们对 Stable Diffusion 下达的需要在生成图像中避免出现哪些元素的文本描述。以前一节的图像为例，如果我们设置反向提示词为荷花（lotus），那么生成的图像将只会出现荷叶，不会出现荷花，具体效果如图 3-5 所示。

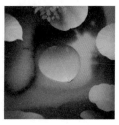

图 3-5 反向提示词加入"荷花"关键词后的效果

3.1.3 提示词的学习与参考

Stable Diffusion 是开源的，我们可以到 Civitai 网站学习提示词，并通过网友上传的作品获取提示词，然后将它们复制到自己的软件中进行测试，这是学习提示词非常有效的手法。

在打开 Civitai 网站并注册完毕后，我们需要单击眼睛图标设置为 Safe（安全）模式（见图 3-6），这样可以屏蔽成人图像，让我们的使用环境更安全、更健康。

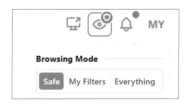

图 3-6 Civitai 网站的安全设置

例如，在 Civitai 网站中进入 Ghostmix 模型页面，看到了一幅令自己满意的作品。我们可以单击图像右下角的 i 图标，就会弹出相应的提示词，如图 3-7 所示。其中，Prompt 表示正向提示词，Negative prompt 表示反向提示词。此外，还会显示采样器、模型、提示词引导系数、随机数种子等参数。

按照参考图，我们把正向提示词和反向提示词分别复制到提示词面板，把图像尺寸设置成 512×768 像素，迭代步数设置为 30，提示词引导系数设置为 5，再让 Stable Diffusion 生成一下图像。具体的设置如图 3-8 所示。

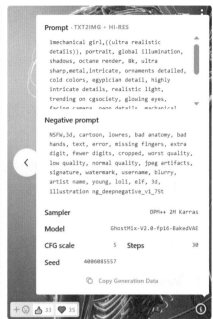

图 3-7 图像的提示词面板

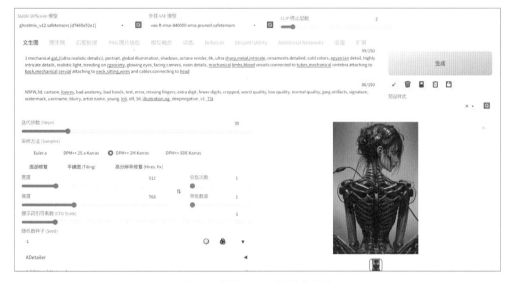

图 3-8 测试 Civitai 网站的作品

我们也可以使用其他的模型库来测试这些提示词，有时会有额外的收获。

随着 AI 绘画的普及，我们有越来越多的交流平台。以下是一些可以观看作品和学习提示词的网站：

- https://pixai.art/

- https://lexica.art/

- https://openart.ai/

现在，AI 的学习环境非常开放，线上作品的提示词大部分是公开的。我们可以观看 Midjourney、文心一格等工具的作品，将它们的提示词复制到 Stable Diffusion 中进行测试。图 3-9 为文心一格网站中网友的作品。

图 3-9 文心一格网站中网友的作品

3.1.4 提示词的写作技巧

如何生成比较优质的作品，写作描述词（提示词）有什么技巧？

（1）内容要详细，尽可能表达出需要的细节。

（2）含糊的提示词会使 Stable Diffusion 更具自由度（更多的自我放飞），生成的结果更具随机性。

（3）提示词表述明确，则会生成相对稳定的作品。

举例来说，我们输入提示词 "Flying fish"（飞翔的鱼），生成的图像效果如图 3-10 所示。

图 3-10 飞翔的鱼

提示词中的关键词较少，随机性就强，结果不可控，不过给作者提供了更多创意拓展的空间。

如果我们输入以下提示词：I flying fish, red wings, on the grassland, white clouds, sunset, vista。

对应的含义为：1 条飞鱼，红翅膀，草原上，白云，夕阳，远景。

这组提示词生成图像的效果就比较明确，如图 3-11 所示。

图 3-11 详细提示词生成的"飞翔的鱼"

（4）使用高画质、具有艺术性的提示词，能提高画面质量。

Stable Diffusion 的模型库与文字描述是相关联的，一些提示词如超高清、壁纸、杰作、精细等，可以帮助 Stable Diffusion 限定模型库的取样范围。

举例来说，如果我们输入以下提示词：best quality, professional photography, masterpiece, intricate details, 1 beautiful girl, tea, Chinese, slim, shoulder-length hair, qipao, tea garden, studio lighting, depth of field。

对应的含义为：最好的质量，专业摄影，杰作，复杂的细节，1 个美丽的女孩，茶，中国，修身，齐肩长发，旗袍，茶园，工作室照明，景深。

生成图像的效果如图 3-12 所示。

图 3-12 茶

在提示词中，我们加入了"最好的质量，专业摄影，杰作，复杂的细节，工作室照明，景深"等描述词，能够提升画面的艺术效果。

（5）借助 ChatGPT 或其他工具，参考 Civitai 网站或别人的作品中的优质提示词，并提炼提示词。

ChatGPT、文心一言、New Bing、Bard 等工具的出现提高了我们的工作效率。我们可以让这些工具描述某个物体的特征，辅助完成提示词。我们也可以复制其他人作品的提示词，进行效果测试。只有不断地在不同平台、不同类型和不同风格的作品上进行测试，才能提升自己在 AI 绘画方面的水平。

举个例子，一个在 Midjourney 完成的作品，它的提示词为：Exquisite Chinese art sculpture, cranes, clouds, flowers, full of golden layers, jade, gold, cyan, traditional Chinese art, art station, intricate details, high quality, cinematic, 3D rendering, Octane, unreal engine, 8K。

对应的含义为：精美的中国艺术雕塑，鹤，云，花，充满金色的层，玉石，黄金，青色，中国传统艺术，艺术站，复杂的细节，高品质，电影，3D 渲染，Octane 渲染，虚幻引擎，8K。

它在 Stable Diffusion 中的效果如图 3-13 所示。

图 3-13 Midjourney 的提示词在 Stable Diffusion 中的测试结果

（6）多赏析优秀的美术作品，提升自我艺术修养。

AI 绘画的出现大大降低了绘画的门槛，但要创作出优秀的作品仍然需要大量的知识积累，包括对风格、构图、色彩、光影等方面的理解。

举例来说，如果我们对影调和色调有一定的了解，就可以制作具有特定色彩倾向的作品，效果如图 3-14 所示。

图 3-14 Stable Diffusion 的光影色调效果

3.2 提示词的语法

人工智能绘画是一项新兴事物，提示词没有固定的格式。我们可以根据个人喜好培养良好的创作习惯，从而创作出高质量的作品。提示词通常包含 4 个方面的内容。

3.2.1 画质和风格

画质和画风是通用的起始提示词，用于确定绘画作品的整体质感和风格。可以指定作品是一幅照片还是一幅二次元图像。主要的内容包括：

（1）画质：这些表述可以作为模板，复制到所有提示词前作为前缀，常用的关键词包括：8K, masterpiece, highly detailed, highest quality（8K，杰作，画面精细，最高画质）。后面的案例，我们会经常套用这几个关键词。

图 3-15 为使用下面的提示词且使用 artErosAerosATribute 主模型生成的图像，其中的画质提示词是 8K, masterpiece, highly detailed, highest quality。

正向提示词：8K, masterpiece, highly detailed, highest quality, illustration, pavilion, bridge, water, China。

对应的含义：8K，杰作，画面精细，最高画质，插图，亭，桥，水，中国。

图 3-15 测试作品：小桥流水

（2）艺术类型：指定作品的类型，可以是照片、水彩画、油画、二次元等。表 3-1 列出了常见绘画类型提示词。

表3-1 常见绘画类型提示词

photography	painting	illustration	sculpture	doodle
摄影	绘画	插图	雕塑	涂鸦
manuscript	3D	Cartoon	sketch	print
手稿	三维	卡通	素描	版画

这些不同的艺术类型提示词直接决定了最终作品的呈现效果。注意，生成不同类型的作品需要模型的支持。

图 3-16 为使用下面的提示词且使用 CounterfeitV25 主模型生成的图像，其中的绘画类型提示词是 cartoon（卡通）。

正向提示词：8K, masterpiece, highly detailed, highest quality, cartoon, a girl, white dress。

对应的含义：8K，杰作，画面精细，最高画质，卡通，一个女孩，白色连衣裙。

图 3-16 测试作品：卡通女孩

（3）美术风格：如写实主义（realistic）、古典主义（classicism）、抽象主义 (abstraction) 等。

图 3-17 为使用下面的提示词且使用 artErosAerosATribute 主模型生成的图像，其中的美术风格提示词是 abstraction（抽象主义）。

（4）国家特性：在提示词中加入国家名称可以有效引导作品的呈现。例如，加入中国作为提示词，人物可能会穿着中国的传统服装，作品中可能会出现亭台楼阁等具有中国特色的元素。

图 3-18 为使用下面的提示词且使用 artErosAerosATribute 主模型生成的图像，其中的国家特性提示词是 Chinese streets（中国的街道）。

正向提示词：8K, masterpiece, highly detailed, highest quality, abstraction, architecture。

对应的含义：8K，杰作，画面精细，最高画质，抽象，建筑。

图 3-17 测试作品：抽象建筑

正向提示词：8K, masterpiece, highly detailed, highest quality, illustration, Chinese streets。

对应的含义：8K，杰作，画面精细，最高画质，插图，中国的街道。

图 3-18 测试作品：中国的街道

（5）大师风格：通过加入著名画家的名字，如毕加索、达芬奇、梵高等，作品将带有鲜明的个人特色。由于 Stable Diffusion 模型数据库的训练数据来源于互联网，因此输入一些当代艺术家的名字也是有效的。Stable Diffusion 的开源特性使得只要某人在网上有一定数量的作品，就能训练出相应的作品模型，但同时也可能引发版权问题。

图 3-19 为使用下面的提示词且使用 artErosAerosATribute 主模型生成的图像，其中的大师风格提示词是 a painting by Van Gogh（梵高的画风）。

正向提示词：8K, masterpiece, highly detailed, highest quality, a painting by Van Gogh, 2 happy child。

对应的含义：8K，杰作，高度详细，最高画质，梵高的画，2 个快乐的孩子。

图 3-19 测试作品：梵高风格的孩子

（6）软件风格：通过输入特定的设计软件名称，也可以引导作品的艺术风格倾向，例如 Blender、Octane、redshift、UE（指三维软件 Blender、Octane 渲染器、redshift 渲染器、虚幻引擎 UE）。

图 3-20 为使用下面的提示词且使用 ReV Animated 主模型生成的图像，其中的软件风格提示词是 unreal engine 5（UE5 引擎，即虚幻引擎 5）。

正向提示词：Fallout concept art, factory interior render grim, nostalgic lighting, unreal engine 5。

对应的含义：辐射概念艺术，工厂内部渲染严峻，怀旧的灯光，虚幻引擎 5。

图 3-20 测试作品：废旧工厂

（7）游戏类型：输入游戏名称也能带来该游戏的风格，如《暗黑破坏神》《帝国时代》《魔兽世界》等。

图 3-21 为使用下面的提示词且使用 ReV Animated 主模型生成的图像，其中的游戏类型提示词是 Age of empire（帝国时代）。

正向提示词：8K, masterpiece,
highly detailed, highest quality,
1 general, age of empire。

对应的含义：8K，杰作，画面精
细，最高画质，1将军，帝国时代。

图 3-21　测试作品：帝国将军

　　Stable Diffusion 在不断地进行升级和迭代，随着模型数据量的不断增长，画面风格的内
涵也在不断延伸，更多的类型将会被开发和挖掘出来。

3.2.2　画面内容

　　画面的内容包括两个方面：主体和环境。

1　主体

　　主体可以是人物（包括动物等），也可以是实物（如静物或建筑等）。

　　（1）人物：描述身份、样貌、表情神态、着装、姿势动作等。

　　在具体的描述中，人物词汇非常丰富和灵活，例如人物的发型（见表 3-2），我们可以
找到无数的变化，这需要我们平时多积累词汇。

表3-2　常用发型提示词

bob cut	ponytail	pigtail braids	shoulder-length hair	short hair
波波头	马尾辫	双麻花辫	披肩发	短发
straight hair	shoulder-length hair	curly hair	low bun	high bun
直发	披肩发	卷发	低丸子头	高丸子头

　　我们看一下测试的效果，参考图 3-22。

最右边的生成图采用的提示词如下，其中的发型提示词是 ponytail（马尾辫）：

正向提示词：8K, masterpiece, highly detailed, highest quality, 1 little girl, ponytail, long yellow dress。

对应的含义：8K，杰作，非常细致，最高画质，1 个小女孩，马尾辫，黄色长裙。

图 3-22 发型

服装也是千变万化，常用的服装提示词如表 3-3 所示。

表3-3 常用服装提示词

blouse	dress	undershirt	jeans	capris
女装衬衫	连衣裙	背心	牛仔裤	七分裤
leggings	pajamas	panty hose	sunglasses	high heels
紧身裤	睡衣	连裤袜	太阳镜	高跟鞋

我们再测试一下服装提示词，参考效果如图 3-23 所示。

最右边的生成图采用的提示词如下，其中的服装提示词是 jeans（牛仔裤）：

正向提示词：8K, masterpiece, highly detailed, highest quality, 1 little girl, jeans。

对应的含义：8K，杰作，画面精细，最高画质，1 个小女孩，牛仔裤）。

图 3-23 服装

采用的主模型为 ReV Animated。

在人物的描述中，我们还可以加入情绪描述，这将影响人物的表情和动作。另外，增加皮肤细节、光泽等描述可以提升人物的外貌塑造。

（2）对于实物主体，我们需要描述该物体的名称、造型、颜色、材质等特征。其中，材质有许多类型，如玻璃、金属、陶瓷、玉石等。

（3）对于风景，它可以是作品的主体，也可以是主体所处环境的背景。

图 3-24 为使用下面的提示词生成的图像，其中的风景提示词是 forest（森林）。

正向提示词：8K, masterpiece, highly detailed, highest quality, forest。

对应的含义：8K，杰作，画面精细，最高画质，森林）。

图 3-24　风景：森林

采用的主模型为 ReV Animated。

2 环境

环境主要表现了主体所处的位置和形成的氛围。例如：灰暗的街道、下雨、早晨、夜晚、花园、树林、水中等。

图 3-25 为使用下面的提示词生成的图像，其中的环境提示词是竹林（Bamboo forest）。

正向提示词：8K, masterpiece, highly detailed, highest quality, panda, Bamboo forest。

对应的含义：8K，杰作，高度详细，最高画质，熊猫，竹林。

图 3-25 环境：熊猫

3.2.3 画面表现

画面表现主要是艺术效果的描述语，如画面构图、拍摄视角、镜头焦距、色彩、光影、景别等。

1）构图

可以用提示词明确构图方式，例如让主体位于中心位置或使用黄金分割构图等。此外，Stable Diffusion 设置的分辨率也会影响构图，比如在人物构图中，竖屏图像通常适用于站立姿势，方形图像适合于半身像，宽屏形状适合于坐姿或躺姿。

2）拍摄视角

拍摄视角用于解决主体物体的视角问题，是正面朝向还是侧面朝向，是俯视还是仰视等。具体的关键词可参考表 3-4。

表3-4 常用视角提示词

full length shot	side	look up	look at viewer	face away from the camera
全身	侧视图	仰视	面向观众	背对镜头
portrait	look down	POV	underwater shooting	profile picture
肖像	俯视	第一人称拍摄	水下拍摄	半身像

3）镜头焦距

镜头焦距的选择会对画面产生影响，例如使用广角镜头可以呈现更广阔的场景，而鱼眼镜头则能够产生强烈的背景虚化效果。在描述时可以使用的关键词有景深、单反（DSLR）、长焦（telephoto lens）、背景虚化（bokeh）等。

图 3-26 为使用下面的提示词生成的图像，其中的镜头焦距提示词是 shot with a fisheye lens（用鱼眼镜头拍摄）。

正向提示词：8K, masterpiece, highly detailed, highest quality, a bee, among flowers, shot with a fisheye lens。

对应的含义：8K，杰作，高细节，最高画质，一只蜜蜂，在花中，用鱼眼镜头拍摄。

图 3-26 鱼眼镜头：蜜蜂采蜜

4）色彩提示词

色彩提示词有明暗、饱和度、对比度、亮调与暗调、单一背景与复杂背景等。

图 3-27 为使用下面的提示词生成的图像，其中的色彩提示词是 at night（在夜间）。

正向提示词：8K, masterpiece, highly detailed, highest quality, cars, driving on the road, at night, long exposure photography。

对应的含义：8K，杰作，高度详细，最高画质，汽车，在路上行驶，在夜间，长曝光摄影。

图 3-27 暗调：长曝光摄影汽车

5）光影

一幅优秀的作品需要好的光影，如让光线透过纱窗或树叶形成斑驳的光影效果，早晨的光线柔和温暖，摄影棚的光线通过对比营造出清晰的轮廓等，这些都是在创作优秀作品时需要考虑的因素。

图 3-28 为使用下面的提示词生成的图像，其中的光影提示词是 dappled shadows（斑驳的阴影）。

正向提示词：8K, masterpiece, highly detailed, highest quality, a plate of fruit, a windowsill, dappled shadows。

对应的含义：8K，杰作，高度细致，最高画质，一盘水果，窗台，斑驳的阴影。

图 3-28 光影：水果

6）设备

如果熟悉硬件，我们也可以指定相机和镜头进行拍摄，如佳能、尼康、GoPro、iPhone、蔡司等品牌的设备。不同的设备有时会形成独特的个性拍摄特征。

图 3-29 为使用下面的提示词生成的图像，其中的设备提示词是 5D Mark IV。

正向提示词：8K, masterpiece, highly detailed, highest quality, 1 rabbit, the woods, 5D Mark IV, 50mm。

对应的含义：8K，杰作，画面精细，最高画质，1 只兔子，树林，5D Mark IV，50mm。

图 3-29 用 5D Mark IV 拍摄：兔子

7）景别

景别是绘画中一个重要的概念，它涉及主体与背景之间的远近关系。景别的选择对于画面的视觉效果有着很大的影响。表 3-5 列出了常用景别提示词。

表3-5 常用景别提示词

close-up	extreme close-up	medium shot	cowboy shot	panorama
特写，近景	特写，极近	中景，中距离镜头	七分身镜头	全景
long shot	wide-angle lens	aerial view	satellite imagery	macro photography
远景；远距离镜头	广角镜头	鸟瞰图	卫星图像	微距摄影

3.2.4 提示词中的其他功能性文本

在提示词中，我们还可以植入插件、嵌入层等功能性文本，包括 Hypernetwork、LoRA、Embeddings 等微调模型。它们在提示词框中的格式如下：

- LoRA 格式：<lora: 模型名称 : 权重 >。
- Hypernetwork 格式：<hypernetwofk: 模型名称 : 权重 >。
- Embeddings 格式：输入 "模型名称" 就启用。

其中 LoRA 既可以在插件面板中设置，也可以直接在提示词中体现。

图 3-30 的案例是在提示词中使用 LoRA 插件的前后对比，左图的提示词中没有 <lora:小人书 _v20:1>。

正向提示词：8K, masterpiece, highly detailed, highest quality,.1.flowerpot, a bunch of roses，<lora: 小人书 _v20.1。
对应的含义：8K，杰作，非常细致，最高画质，1 个花盆，一束玫瑰，<lora: 小人书 _ v20:1>。

图 3-30 提示词中使用 LoRA 插件与否的对比

在提示词中输入一些抽象的、表达情绪的词，有时能有意外的收获。例如神秘主义、史诗、英雄主义、宏大的、浪漫主义等，这些词可以激发 Stable Diffusion 的联想力，帮助构建情节和内容。提示词的神奇之处需要我们进一步挖掘、探索和实践。

3.3 提示词的权重与符号

1 提示词的顺序

提示词越靠前，其权重就越大，就越能影响生成的图像。例如，在提示词中，"狗"和"花园"的顺序不同，会导致完全不同的构图结果，如图 3-31 所示。

图 3-31　左边图的提示词：花园、狗；右边图的提示词：狗、花园

我们可以看到，在左边的图中突出展现了花园，在右边的图中则突出了狗的中心位置。因此，如果我们想要在画面中突出某个主体，则应尽量把它的提示词往前放，越后面的提示词越可能被 Stable Diffusion 忽视。

2 括号的作用

默认情况下关键词的权重系数为 1。将关键词用小括号括起来即"（关键词）"这种格式，代表强调这个关键词。加一层括号，关键词的权重为原始权重的 1.1 倍，即关键词权重 ×1.1；两层括号，关键词的权重为原始权重的 1.1×1.1 倍；N 层括号，关键词的权重为原始权重乘以 1.1 的 N 次方。

将关键词用方括号括起来即使用"[关键词]"这种格式，可以降低关键词的权重，每套一层方括号，关键词的权重 × 0.95，即减少 0.05 倍。因此 N 层方括号，关键词的权重为原始权重乘以 0.95 的 N 次方。

此外，我们还可以使用"（关键词：N）"的格式来直接指定关键词的权重，其中 N 是一个数字，表示关键词的权重为原始权重的倍数。例如，"（关键词 :1.5）"表示关键词的权重为原始权重的 1.5 倍。

建议不要采用超过 2 倍的权重，否则可能会导致生成的画面不稳定或质量急剧下降（画面可能会崩）。

3 a AND b

这个格式实现 a 和 b 关键词的混合（就是逻辑"与"运算），如果我们做的是香蕉和西瓜的混合体，结果可能如图 3-32 所示。

正向提示词：8K, masterpiece, highly detailed, highest quality, banana AND watermelon。

对应的含义：8K，杰作，画面精细，最高画质，香蕉和西瓜。

图 3-32 逻辑"与"混合的效果：香蕉和西瓜

4 a | b

a | b 表示提示词 a 和提示词 b 交替计算（就是逻辑"或"运算），可以理解为提示词 a 采样 1 步，提示词 b 再采样 1 步，然后提示词 a 再采样，提示词 b 再采样……依次轮流采样，最后的效果也是混合。

比如"lion | tiger"的意思就是画一步狮子，再画一步老虎，交替绘画，以此实现两种东西的融合，变成狮虎兽，如图 3-33 所示。

图 3-33 逻辑"或"混合的效果：狮虎兽

3.4 反向提示词的功能

与正向提示词相反，反向提示词用来指定我们不希望 Stable Diffusion 生成的内容。反向提示词是 Stable Diffusion 的一个非常强大但未被充分利用的功能。有时候，即使我们在正向提示词中提供了大量信息，生成的效果也仍然不理想，但是，加上一个反向提示词就能得到理想的结果。

我们经常将几十个词模板一股脑地放入反向提示词中，也能出现相当有用的效果，但很多人并不了解它的目的。下面就来介绍反向提示词的功能。

3.4.1 反向提示词的类型和功能

反向提示词的类型和功能有 5 个。

1）提升质量

我们加入"最差画质""低画质"和"低分辨率"等词作为反向提示词，再让 Stable Diffusion 生成一下图像。通过观察可以发现画面质量明显有了提高，如图 3-34 所示。

图 3-34 正向提示词为 A goat grazing in meadow（一只山羊在草地上吃草），而右图还加入了反向提示词：(worst quality, low quality:1.3), simple background, logo, watermark, text（（最差画质，低画质 :1.3), 简单背景，徽标，水印，文字）。

图 3-34 吃草的山羊

2）排除物体

反向提示词可以有效去除生成图像中不需要的元素。举个例子，假如我们想要制作一幅荡秋千的女孩形象的图像，但不希望女孩有长头发。要排除长发，可以增加反向提示词再让 Stable Diffusion 生成一张新的图像。这样，新生成的图像中的女孩就不会再有长头发了。如图 3-35 所示。

正向提示词：8K, masterpiece, highly detailed, highest quality, a girl, swing, tree, a garden。

对应的含义：8K，杰作，画面精细，最高画质，一个女孩，秋千，树，花园。

反向提示词：Long hair。

对应的含义：长头发。

图 3-35 荡秋千的女孩

3）控制风格

在反向提示词中加入三维、照片和写实等词，生成的图像就倾向于手绘风格，如图 3-36 所示。

正向提示词：8K, masterpiece, highly detailed, highest quality, boats, rivers, bridges, traditional Chinese architecture。

对应的含义：8K，杰作，高度详细，最高画质，船，河流，桥梁，中国传统建筑。

反向提示词：Photo, 3D。

对应的含义：照片，三维。

图 3-36 河里的船

4）避免错误

在生成的人物图像中，经常出现多出来的四肢、四根手指、六根手指或难看的脸等问题。通过输入表示这类错误的关键词，如多出来的四肢、多出来的手指、难看的脸之类的词，生成图像的错误率就会下降。当与使用相同的种子进行新生成配对时，这一方法尤其有效。如图 3-37 所示。

正向提示词：8K, masterpiece, highly detailed, highest quality, Little boy, thinking, chin in hand, park。

对应的含义：8K，杰作，画面精细，最高画质，小男孩，思考，手托下巴，陷入沉思。

反向提示词：bad hands, fused hand, missing hand。

对应的含义：糟糕的手，粘连的手，缺失的手。

图 3-37 思考的男孩

5）避免色情、暴力和版权等问题

作为一款开源软件，Stable Diffusion 对用户的限制比较少。在生成的图像中，有时会出现少儿不宜的画面，例如色情、暴力等。因此，在使用反向提示词中，可以输入"nsfw"（不适宜工作场所）、naked（裸体）、violence（暴力）、terror（恐怖）等词来限制生成内容。

3.4.2 反向提示词的通用格式

了解了反向提示词的功能后，我们只需要根据需求把提示词输入到相应的窗口中即可，同时也可以多输入一些词。

（1）反向提示词是有模板的，通用的提示词有：

worst quality, low quality, lowres, error, cropped, jpeg artifacts, out of frame, watermark, signature.

对应的含义：最差画质，低画质，低分辨率，错误，裁剪，jpeg 伪影，超出画面，水印，签名。

（2）人物肖像的负面提示词有：

deformed, ugly, mutilated, disfigured, text, extra limbs, face cut, head cut, extra fingers, extra arms, poorly drawn face, mutation, bad proportions, cropped head, malformed limbs, mutated hands, fused fingers, long neck.

对应的含义：畸形的，丑陋的，残缺的，毁容的，文字，多余的四肢，脸部被切割，头部被切割，多余的手指，多余的手臂，绘制不佳的脸，突变，比例不好，头部被裁剪，四肢畸形，变异的手，手指粘连，长脖子。

（3）照片写实图像的负面提示词有：

illustration, painting, drawing, art, sketch.

对应的含义：插图，绘画，素描／绘画，艺术，素描／草图。

3.4.3 反向提示词的技巧

1 权重

和正向提示词的作用一样，如果反向提示词的影响不够明显，就可以增加它们的权重。

例如，我们可以将诸如最差画质、低画质、低分辨率的权重增加为 1.5，这样就能提高画面的精度。如图 3-38 所示。

正向提示词：old man, fishing, rain, by the river。

对应的含义：老人，钓鱼，下雨，河边。

反向提示词：(worst quality, low quality, lowres:1.5), error, cropped, jpeg artifacts, out of frame, watermark, signature。

对应的含义：最差画质，低画质，低分辨率，错误，裁剪，JPEG 伪影，超出画面，水印，签名。

图 3-38 钓鱼的老人

图 3-38 中的三幅图分别设置了不同的权重（lowres:1.5）。左图无权重，中图的权重为 1.5，右图的权重为 2。

在这里要强调一下，如果权重参数值设置过高，如设置为 2，可能会导致有些模型出现锐度过高的问题，因此在设置权重参数时要适当。

2 微调模型提示词

还有一个与微调模型相关的技巧，在 Civitai 网站中，我们可以下载到 TEXTUAL INVERSION 微调模型，这个模型的功能和 LoRA 类似，属于微调文本模型，有一些是支持反向模型的。我们搜索一下 TEXTUAL INVERSION，就会出现很多这一类型的模型，如图 3-39 所示。下载后，复制到 embeddings 目录，在反向提示词中填入模型名称就起作用了。例如 EasyNegative 是比较通用的反向模型，使用后，在画面中人体比例、手、脚等出错的概率就会降低。

图 3-39 Civitai 网站的 TEXTUAL INVERSION 微调模型

3.5 案例：旗袍女生

本节制作一个案例："穿
旗袍的女生"。通过使用提示
词来复习正向提示词中的画质、
画风、主题描述、环境布置和艺
术效果，并学习反向提示词的用
法。案例效果如图 3-40 所示。

图 3-40 案例效果

操作步骤如下：

步骤 01 模型选择。ChilloutMix 是国内非常受欢迎的主模型，它的作者是一位日本开发者。
他训练的 AI 模型在审美上符合亚洲，特别是中日韩地区网友的要求。许多 AI 网红脸
都是在该主模型的基础上进行训练的。

步骤 02 分辨率设置。如果系统有 3 系以上的显卡硬件配置，那么我们可以将分辨率设置成 768×1024 像素。在 Stable Diffusion 中，为了确保提示词足够详细，需要把分辨率（画幅）设置大一些。如果分辨率太小，画面可能会不清晰或者会忽视提示词中的一些元素。

步骤 03 选择 DPM++SDE Karras 采样方法，这个采样器优化了写实照片的速度和效果。

步骤 04 勾选"面部修复"选项，可以使写实照片中的人脸更清晰。其他参数设置按照默认值进行，如图 3-41 所示。

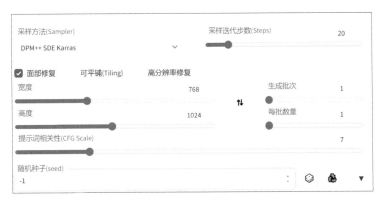

图 3-41 参数设置

步骤 05 输入正向提示词。

（1）画质风格提示词。

正向提示词：(best quality, masterpiece:1.2), (realistic:1.4), full shot body photo of the most beautiful artwork in the world, intricate elegant, (highly detailed),sharp focus, dramatic, photorealistic。

对应的含义：(最佳质量，杰作 :1.2), (真实感 :1.4), 世界上最美艺术品的全身照片，复杂优雅，(画面精细)，清晰聚焦，戏剧化，照片真实感。

在画质风格提示词中，我们给质量、写实等词都设置了权重增益，这样能够提升照片的细节。

（2）画面内容提示词。

正向提示词：a beautiful lady, Chinese, (high detailed), smile, qipao, (fashion), Chinese traditional texture, purple, high-heeled shoes, In the lobby, screen window, corridor, curtains of fluttering yarn。

对应的含义：美丽的小姐，中国，(画面精细)，微笑，旗袍，(时尚)，中国传统质地，紫色，高跟鞋，在大堂，纱窗，走廊，飘动的纱窗帘。

（3）艺术表现提示词。

正向提示词：(full-body), ((mottled light and shadow, warm light, depth of field)), wide angle view。

对应的含义：(全身照片),((斑驳的光影，暖光，景深)),广角视图。

步骤 06 输入反向提示词。

对于反向提示词，我们排除了低画质、低分辨率、手绘风格和四肢错误等因素。为了获得更好的效果，我们加大了画质的权重。另外，为了防止出现少儿不宜的内容，我们还添加了 nsfw（不适宜工作场所）短语。

> 注意 NSFW 是 "Not Safe for Work" 的缩写，意为 "不适宜工作场所"。这个术语通常用于指代包含成人内容、暴力、血腥、色情或其他不适宜在工作环境中观看的内容。

反向提示词：(worst quality, low quality, lowres:1.5), canvas frame, cartoon, 3d, disfigured, bad art, deformed, extra limbs, close up, weird colors, blurry, duplicate, morbid, mutilated, out of frame, extra fingers, mutated hands, poorly drawn hands, bad art, bad anatomy,((nsfw))。

对应的含义：(最差画质，低画质，低分辨率 :1.5)，画布框架，卡通，3D，变形的，糟糕的艺术，畸形，多余的肢体，特写镜头，奇怪的颜色，模糊的，重复，病态的，残缺的，超出画面范围，画得不好的手，不准确的生理结构，((不适宜工作场合观看的内容))。

步骤 07 最后生成一下图像，效果如图 3-42 所示。

图 3-42 生成效果

通过本案例的制作，有如下心得可以分享：

1）分辨率大小会影响画面效果

画幅分辨率的设置，不但会影响清晰度，还会对构图产生较大的影响，长宽比例会影响人物的坐姿和站姿。

2）提示词会相互污染

Stable Diffusion 对提示词的理解不是完全准确的，例如在提示词中，我们想要紫色的旗袍，但紫色可能对服装起作用，也可能对背景起作用。因此，有时我们需要多生成一些图，从多幅图像中选择自己需要的即可。Stable Diffusion 免费、速度快，可以无限开盲盒是它最大的优势。

3）权重非常重要

Stable Diffusion 的优势是可以自由设置权重，让某个提示词提高或降低它的作用，这在微调效果时至关重要，权重的参数值不要设置太大，一般都不要超过 2。

3.6 思考与练习

思考题：提示词包含哪些内容？如何理解提示词的"权重"？

练习题：生成图像"穿旗袍的女生"。

AI 绘画
Stable Diffusion
从入门到精通

本章概述: 学习图生图的各项功能,掌握图生图的应用技巧。

本章重点:

- 学习图生图的各项参数
- 掌握图生图的常用功能

在我们不停地使用 AI 魔盒打开一幅一幅的图像时,可能会产生疑问:

(1)为什么生成图像的随机性这么强?

(2)我们如何按照自己的构图创作作品?

(3)为什么提示词生成的图像细节不够?

(4)如何把我们手绘作品的风格转换成另一种风格?

……

这些一连串的问题可以用图生图(Image-to-Image)来解决。

图生图又叫垫图,是指以一个素材图作为参考,通过人工智能方法生成一幅新的图像。

4.1 图生图参数

图生图功能的工作方式与文生图有所不同,文生图直接通过噪声产生图像,而图生图是图像和噪声一起结合运算的结果。图生图的原理是在一幅初始化图像的基础上添加噪点,然后根据提示词扩散去噪,最后形成新的图像,如图 4-1 所示。

图 4-1 图生图的原理

1 重绘幅度（Denoising）

添加的噪声量取决于重绘幅度参数，该参数的范围从 0 到 1，其中 0 表示不添加噪声，生成的图像和原图像相同，而 1 表示完全用噪声替换图像，实质上就是文生图方式。

下面来测试一下重绘幅度这个参数。

步骤 01 打开 Stable Diffusion 软件，切换到图生图界面，把一幅女孩图像拖曳到"图生图"面板中，这是一幅竹林前的中国女孩形象，如图 4-2 所示。

图 4-2 竹林女孩

步骤 02 根据图像的内容，输入提示词：

正向提示词：(best quality, intricate details, masterpiece: 1.2),1 girl, Chinese。

对应的含义：(最佳画质，精细的细节，杰作 :1.2) 一个女孩，中国人。

反向提示词：(worst quality, low quality,lowres:1.5), canvas frame, cartoon, 3d, disfigured, bad art, deformed, extra limbs, close up, weird colors, blurry, duplicate, morbid, mutilated, out of frame, extra fingers, mutated hands, poorly drawn hands, bad art, bad anatomy, ((nsfw))。

对应的含义：(最差画质，低画质，低分辨率 :1.5)，画布框架，卡通，3D，变形的，糟糕的艺术，畸形，多余的肢体，特写镜头，奇怪的颜色，模糊的，重复，病态的，残缺的，超出画面范围，画得不好的手，不准确的生理结构，((不适宜工作场合观看的内容))。

步骤 03 把主模型切换为 CounterfeitV25，这是一个二次元的模型库。

步骤 04 测试一下图生图重绘幅度的参数，分别设置为 0、0.1、0.2、0.3、0.4、0.5、0.6、0.7、0.8、0.9，生成的图像如图 4-3 所示。

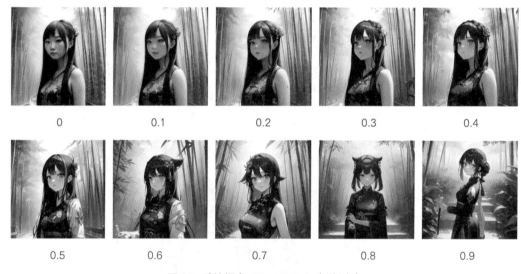

| 0 | 0.1 | 0.2 | 0.3 | 0.4 |
| 0.5 | 0.6 | 0.7 | 0.8 | 0.9 |

图 4-3 重绘幅度（Denoising）参数测试

生成图像的效果说明：重绘幅度参数越大，与原图的差异就越大，计算机（其实是 AI 算法）就越不受原图的影响，计算机会按新提示词的要求生成图像。参数值为 0.5~0.7 时，平衡性最好。

2 提示词引导系数（CFG Scale）

和文生图一样，提示词引导系数非常重要。参数越大，提示词的强度越强，生成的图像就越符合提示词的要求，但参数一般不要超过 20，以避免过度依赖提示词导致图像失去多样性。

3 缩放模式

缩放模式(见图4-4)这个参数与分辨率(画幅)有关,当原图像和生成图像的尺寸相同时,所有选项的功能一样。如果原图像与生成图像的尺寸不相同,则会形成功能匹配关系。

> 缩放模式
>
> ◉ 仅调整大小　　裁剪后缩放　　缩放后填充空白　　调整大小(潜空间放大)

图 4-4 缩放模式

1)仅调整大小

如果原图像是512×512像素,而生成图像是1024×512像素,那么生成图像强制让原图像变形,人物会压扁,我们把CFG设置成0.7,生成的图像如图4-5所示。

图 4-5 仅调整大小

2)裁剪后缩放

使用这种方式,人物不会变形,但生成图像会按长宽比例截取原图像的一部分,如图 4-6 所示。一般常用这种方式。

图 4-6 裁剪后缩放

3)缩放后填充空白

生成的图像会补足原图像尺寸不足的部分,需要设置比较大的提示词引导系数,否则填充的内容会很生硬。如图 4-7 所示,左右两侧的图像是计算机根据原图扩展生成的。

图 4-7 填充

4）调整大小（潜空间放大）

和调整大小功能类似，运算时采用潜空间噪点计算方式。

4 图生图面板参数

图生图面板中的参数如图 4-8 所示。

图生图	图生图(手绘修正)	局部重绘	局部重绘(有色蒙版)	局部重绘(上传蒙版)	批量处理

图 4-8 图生图面板参数

1）图生图（手绘修正）

它的主要作用是对图像进行重新绘制，下面来测试一下它的功能。

步骤 01 切换到"图生图（手绘修正）"面板，单击 "上传图像"按钮，选择刚才的图像，我们可以用面板右边的 4 个工具进行绘制，这 4 个工具的功能分别是：

- ↺：返回上一步。
- ╳：清空绘图。
- ✏：绘图，单击调节半径。
- 🎨：调色板。

步骤 02 先用调色板选择颜色，然后用绘图工具在图像中绘制形状和色彩。我们用鼠标给头发上色，绘制的效果如图 4-9 所示。

图 4-9 给头发上色

步骤 03 把正向提示词更改成 flowers，重绘幅度更改成 0.7，如图 4-10 所示。

图 4-10 修改重绘幅度

步骤 04 单击"生成"按钮生成图像，生成的图像如图4-11所示。

我们会发现，刚才在女孩的头发上画的色块变成了五颜六色的鲜花。使用这个功能，我们可以给图像增添元素，比如给人物戴上口罩、手表、眼镜等。

图 4-11 花瓣效果

步骤 05 如果我们不想更改模型风格，那么把二次元的模型 CounterfeitV25 更换成写实的模型库，下面尝试一下 deliberate_v2 模型，勾选"面部修复"（写实人物作品一般都需要勾选）。再生成新的图像，结果如图4-12所示。

这样，我们生成的图像和原图风格一致，只是头部增加了花朵。

图 4-12 写实风格

2）局部重绘

这个功能可以修补错误或更改元素，把局部的内容按提示词重新绘制。

步骤01 我们切换到"局部重绘"面板，导入刚才的图像，用鼠标把衣服涂黑，这个黑色的部分叫遮罩，通俗地说，遮罩就是选择区域。

步骤02 把提示词更改成：Shirt, Red（衬衫，红色）。因为遮罩部分需要与原图的差异比较大，所以把"重绘幅度"设置成 0.85，生成新的图像后，衣服就更改成红色的了，如图 4-13 所示。

图 4-13 衣服修改

3）局部重绘（有色蒙版）

手绘修正和局部重绘结合，既有蒙版功能，又有绘制功能，如图4-14所示，我们把需要填充的区域使用色彩画笔，生成的衣服就会受到色彩影响。

图4-14 有色蒙版效果

4）局部重绘（上传蒙版）

上传用Photoshop等工具绘制的蒙版。下面我们通过一个图像扩展的案例来使用Photoshop蒙版，并回顾上文的参数。

步骤01 我们通过Photoshop图像处理软件，把一个512×512像素的女生图像，放到768×768像素的画幅里，这样照片就会成为画面的局部，如图4-15所示。

图4-15 Photoshop图像处理

步骤 02 用套索选择人物，如图 4-16 所示，在 Photoshop 菜单栏中设置"选择→修改→羽化"，设置羽化参数为 50。

步骤 03 把选区填充成黑色，再把背景填充成白色，删除人物，得到遮罩图像，如图 4-17 所示。

图 4-16 Photoshop 选区

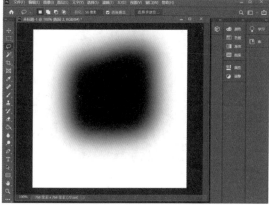

图 4-17 用 Photoshop 制作遮罩图像

步骤 04 进入 Stable Diffusion 图生图，切换到"局部重绘（上传蒙版）"面板，图像面板分成上下两个部分，上部导入 768×768 像素的图像，下部导入蒙版图像，如图 4-18 所示。

图 4-18 局部重绘（上传蒙版）

步骤 05 正向提示词根据原素材图，设置成：

正向提示词：(extremely detailed unity 8K wallpaper),(highly detailed), photorealistic, a beautiful girl Chinese,(18 years old, slim, in the flowers), (mottled light and shadow, depth of field, warm light), wide angle view。

对应的含义：(非常详细的 Unity 8K 壁纸)，(画面精细)，逼真的，一个漂亮的中国女孩，(18 岁，苗条，身处花丛中)，(斑驳的光影，景深，暖光)，广角视角。

反向提示词设置为人物模板：deformed, ugly, mutilated, disfigured, text, extra limbs, face cut, head cut, extra fingers, extra arms, poorly drawn face, mutation, bad proportions, cropped head, malformed limbs, mutated hands, fused fingers, long neck。

对应的含义：畸形的，丑陋的，残缺的，畸形的，文字，多余的肢体，脸部切割，头部切割，多余的手指，多余的手臂，绘制不佳的脸部，突变，比例不好，头部被截断，畸形的肢体，突变的手，手指粘连，长颈。

步骤 06 设置基础参数，主模型用写实模型 ChilloutMix，生成图像的分辨率设置为 768×768 像素，其他参数采用默认设置即可。

步骤 07 生成图像后，没有形成扩展效果，这里主要和蒙版蒙住的内容有关，我们把"蒙版区域内容处理"更改成"潜空间噪声"（见图 4-19），这样它会从一张噪声图中进行绘制。生成的图像如图 4-20 所示。

蒙版区域内容处理

填充   原图   ● 潜空间噪声   空白潜空间

图 4-19 把"蒙版区域内容处理"选项设置为"潜空间噪声"

图 4-20 没有调整参数前生成的图像

步骤 08 生成图像后，得到扩展效果，但存在两个问题，一有生硬的边界，二是图像风格遮罩内外有比较明显的差异。

步骤 09 对于边界问题，我们把"蒙版模糊"改成 64，这样能柔化蒙版边缘。再把"重绘幅度"更改成 0.85，让 AI 绘图有更高的自由度。如图 4-21 所示。

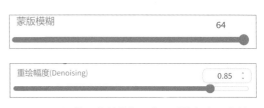

蒙版模糊   64

重绘幅度(Denoising)   0.85

图 4-21 调整"蒙版模糊"和"重绘幅度"参数

步骤⑩ 基于调整后的参数，再次生成新的图像，如图 4-22 所示。

5）批量处理

批量处理是对多幅图像采用相同的设置，常常用于制作动画。

6）反推提示词按钮

我们可以导入一幅图像，让 AI 帮我们反向推出提示词，图 4-23 为两个反推提示词按钮。

CLIP 和 DeepBooru 是两种基础扩散模型，反推都会给出一段描述文字（即提示词）。不过，这些提示词不完整。

图 4-22 调整参数后生成的图像

7）图生图面板的其他参数

图生图面板上的其他参数如图 4-24 所示。

图 4-23 反推提示词按钮

图 4-24 图生图面板上的其他参数

（1）蒙版边缘模糊度：

指涂抹区域的边缘透明过渡的范围，一般采用默认值即可。

（2）蒙版模式：

● 重绘蒙版内容：重绘涂色的区域。

● 重绘非蒙版内容：即蒙版反向，重绘没涂色的区域。

（3）蒙版区域内容处理：

● 填充：指使用蒙版边缘图像的颜色进行填充。

- 原图：指和原图一样不改变细节。
- 潜空间噪声：指使用噪点进行填充。
- 空白潜空间：指噪点为 0 的状态。

一般我们选择原图，其他选项都会改变原来的画面。

（4）重绘区域：

- 全图：指在原图大小的基础下绘制蒙版区域，与原图融合较好，缺点是细节不够。
- 仅蒙版区域：细节较好，但画面融合度不足。

4.2 图生图的常用功能

1 生成变体，拓展创意

使用图生图，我们可以开拓创意思维，通过增加重绘幅度值，或者通过使用与参考图不同的提示词去替换参考元素，让 AI 自由发挥。例如，如果我们要设计一张化妆品广告，可以尝试不同的设计风格。

步骤01 导入一幅原始图像，如图 4-25 所示。

步骤02 输入相关提示词。

正向提示词：8K, photography, super detailed, a bottle of purple perfume, crystal clear, transparent, golden text, (realistic water, dynamic, countless drops of water, splashing water, around, ripple), bright color, super light sensation, hyper realistic.

对应的含义：(8K，摄影，超细致，一瓶紫色香水，晶莹剔透，透明，金色文字，(逼真的水，动感，无数滴水，飞溅的水，周围，涟漪)，鲜艳的色彩，超轻盈感，超写实)。

反向提示词：(worst quality, low quality:1.4), lowres。

对应的含义：(最差画质，低画质：1.4)，低分辨率。

图 4-25 化妆品图像

步骤 03　拓展创意最重要的参数是重绘幅度（去噪），我们需要将它设置得较高，这里设置为 0.9。

步骤 04　将分辨率设置为 512×768 像素，生成批次设置为 12，这样一次可以生成 12 幅图像，如图 4-26 所示。

图 4-26　生成一组与原图有差异的图像

生成后，我们就可以观察到与原图有一定差异的图像，这有助于我们寻找设计灵感。

2　提升分辨率，提升画质

我们可以通过图生图获得更高分辨率的图像。

步骤 01　在"图生图"面板中导入一幅 128×128 像素的图像，这幅图像的清晰度非常低，如图 4-27 所示。

图 4-27　低分辨率的图像

步骤 02 根据源图像输入相关提示词。

正向提示词：(HD wallpaper, realistic, masterpiece:1.3), cabins, trees, green spaces, 3D, Octane, dreamy light, drenching of shadow, depth of field。

对应的含义：((高清壁纸，逼真，杰作：1.3), 小木屋，树木，绿色空间，3D, Octane 渲染，梦幻般的光线，浸染的阴影，景深)。

反向提示词：(worst quality, low quality:1.4), lowres。

对应的含义：(最差画质，低画质：1.4), 低分辨率。

步骤 03 生成图像的分辨率设置为 768×768 像素，重绘幅度设置为 0.6，其他参数不变，再生成新的图像，如图 4-28 所示。

图 4-28 提升分辨率的效果

3 转换风格

通过使用提示词，我们可以改变画面风格。通过不同类型模型的切换，我们可以轻松地将实拍照片转换成卡通图像，或者将手绘风格改变为三维效果。

4 二次编辑，修改图像

二次编辑主要是修改局部图像，用手绘修正、局部重绘、局部重绘（有色蒙版）功能，抹掉不想要的东西，然后绘制新的元素。主要功能有 3 种：改错、移除、填充。下面用一个案例来演示这 3 种功能的用法。

首先，我们通过文生图生成一幅图。主模型选用 ReV Animated，这个模型库擅长绘制三维效果的图像。

输入正向提示词：inside, couch, a little boy, sit, 3D。

对应的含义：室内，沙发，一个小男孩，坐，3D。

输入反向提示词：(worst quality, low quality:1.4), lowres。

对应的含义：(最差画质，低画质 :1.4)，低分辨率。

勾选"面部修复"选项，生成图像的分辨率设置为768×512像素。最终生成的图像如图4-29所示。

图 4-29 初次生成的小男孩图像

然后，单击图像下面的"局部重绘"按钮，切换到二次编辑图生图的界面。

1）改错

步骤01 如果认为小男孩手势有错误，可以用画笔把男孩的手部涂满形成遮罩，如图4-30所示。

图 4-30 手的遮罩

步骤 02 在正向提示词中增加 hand；在反向提示词中加入 badhandv4，这是一个 embeddings 反向提示词的微调模型，有利于降低错误率，需要提前安装。修改图像需要多生成一些图，一次很难生成满意的图像。新生成的图像如图 4-31 所示，注意小男孩手部的变化。

图 4-31　修改手部后重绘的结果

2）移除

步骤 01 把整个男孩用画笔涂黑，形成人体的整体遮罩，可以适当多涂掉一部分，如图 4-32 所示。

图 4-32　人体的整体遮罩

步骤 02　在提示词中删除男孩，也就是把提示词改成：inside, couch, 3D。对应的含义：室内，沙发，3D。

步骤 03　生成新的图像后，小男孩就不见了，如图 4-33 所示。Stable Diffusion 的 AI 算法会根据自身的逻辑判断填充遮罩内的内容，有较大的随机性。

图 4-33　小男孩从图像中消失了

3）填充

步骤 01　继续使用刚才的涂满整个小男孩的遮罩修改图像，将提示词更改为：inside, couch, A little girl, 3D。对应的含义：室内，沙发，小女孩，3D。

步骤 02　再生成一下图像，在图像的沙发上就坐着一个小女孩了，如图 4-34 所示。

图 4-34　替换成小女孩了

5　增加细节

文生图生成的图像常常缺乏细节。下面通过一个案例来演示提升场景细节的方法。

步骤 01　通过文生图生成一幅图像，该图像的场景中不仅有宇宙飞船，还有街道、水、城市废墟，是一种暗调风格的图像。

正向提示词：8K, photography, super detailed, hyper realistic, masterpiece, spaceship, streets, water, city ruins, dust, dark clouds, lightning, dark tones, panoramic view。

对应的含义：8K，摄影，超级细致，超逼真，杰作，宇宙飞船，街道，水，城市废墟，灰尘，乌云，闪电，暗色调，全景。

反向提示词：(worst quality, low quality:1.3), simple background, logo, watermark, text。

对应的含义：(最差画质，低画质 :1.3)，简单背景，标志，水印，文字。

步骤 02 进入 Stable Diffusion 软件，把上述提示词复制进去，并选择一个综合性的主模型，这里选择了 Civitai 网站的 ReV Animated 主模型。

步骤 03 把采样方法设置成 DPM++2M Karras；为了有更多细节，把画幅设置大一些，设置分辨率为 768×768 像素。然后多次生成图像，比较一下效果。图 4-35 为其中的一幅图像。

图 4-35 生成的科幻场景

从生成的这幅图像中我们可以明显发现 Stable Diffusion 文生图的局限：

（1）随机性太强，主体的位置随意变化，背景千变万化。如果我们用来拓展创意，这种方式有时会带来意外的收获，但如果应用在商业上，就是明显的缺陷。

（2）大场景不够宏大。在 Stable Diffusion 生成的图像中，主体过于突出，周围的场景不够丰富，全景和远景的表现力不够。

（3）细节不足。这是 Stable Diffusion 非常大的缺陷，表面的材质、纹理、结构等过于笼统，缺乏细致的呈现。

为了增加细节，我们需要去素材网站查找一幅素材图像，在这个案例中，素材起到的作用非常重要，一个好的素材图像可以通过图生图产生丰富的效果。

下面先说明一下素材的要求：

（1）主题要类似。如果制作一个有建筑物的、比较宽广的场景，那么素材图尽量找有街道大场景的图像。

（2）跨界查找。为了避免设计出现模仿痕迹，最好找跨界的素材。跨界指的是跨越不同行业和领域，或者领域之间的交叉或结合。如果我们设计 CG 图像，就可以从水彩、水粉、油画、卡通等素材库中寻找素材。

（3）细节要充足。素材图一定要有丰富的细节，不能找简洁的图像，色彩要丰富，元素要多，也可以选择一些抽象的素材。

用于收集素材的网站很多，比如 CGSociety（https://cgsociety.org/）、Behance（www.behance.net）、Pinterest（https://www.pinterest.com/）等。本案例我们到 CGSociety 查找素材，根据我们的素材需求，找到设计师 ismail 的作品，他的作品基本都是手绘风格的，偏点彩图的风格。我们可以选择一幅喜欢的场景图保存下来，如图 4-36 所示。

图 4-36 素材图像

网址：https://seventeenth.cgsociety.org/vd.2.kukeri-vs-karakondju。

接下来，我们进入图生图环节。

步骤 04 在图生图的过程中，有两个参数比较重要。首先提示词引导系数，我们可以将它设置得大一些，这样能够更突出地表现主体。其次，尽可能降低重绘幅度参数，这样可以保留更多的细节。

如果自己具备手绘技巧，那就更好了。可以先大致勾画出图像的结构，并填充一些基本的色彩块，这样使用图生图的结果会更加精确。

步骤 05 回到 WebUI 界面，单击生成图像下方的"图生图"按钮切换到"图生图"面板，关闭"图生图"面板上的图像，替换为我们的新素材图像。提示词引导系数设置为 12，重绘幅度参数设置为 0.4，把采样方法设置成 DPM++ 2M Karras，画幅分辨率设置为 1024×768 像素，最后生成一幅图像，如图 4-37 所示。

图 4-37 场景的细节明显提升

图生图的结果图（见图 4-37）和文生图的结果图（见图 4-35）相比，图生图得到的图像的场景细节有了明显的提升。

步骤 06 将重绘幅度参数设置为 0.3，再测试一下。重绘幅度的参数值越小，计算的色彩块会越小，细节会越丰富，但参数值太小有时会形成不了提示词要求的图像。

6 提升精度

AI 可以将普通的图像精修成一幅细致的专业作品。下面使用 AI 为一幅质量不高的手绘图提高精度并添加风格——不仅将灰度图像转换为彩色版本，而且从粗略的草图或类似绘画的图像生成逼真的图像，如图 4-38 所示。

图 4-38 效果展示

本案例涉及两个功能：一是图像修复功能，可以修复有缺陷的图像，例如去除噪点、增强边缘、晕染色彩等；二是图像着色功能，可以对单调的图像进行色彩或纹理渲染，使黑白图像变得栩栩如生。

步骤 01 选择主模型。在这个案例中，我们使用的主模型来自 Civitai 网站的 ChikMix，它是一个 2.5D 的主模型，比较适合工笔风格的图像处理。

步骤 02 输入提示词。提示词是根据笔者画的参考图来描述的，强调了中国水墨画的风格。

正向提示词：ink style, Chinese ink and calligraphy, (extremely detailed unity 8K wallpaper), thick color, 1 Chinese girl, dressed in Hanfu, holding a round fan, standing on the hillside, with some grass growing on the ground, and the background of the mountain in the distance, full of fog, panoramic shooting.

对应的含义：水墨风格，中国水墨和书法，(极其细致统一的 8K 壁纸)，色彩厚重，1 个中国女孩，穿着汉服，手持圆扇，站在山坡上，地上长着一些草，远处的山为背景，雾气弥漫，全景拍摄)。

反向提示词：(worst quality, low quality:1.3), simple background, logo, watermark, text。

对应的含义：(最差画质，低画质 :1.3)，简单背景，标志，水印，文字。

步骤 03 将手绘图导入"图生图"面板，并调整参数。画幅的大小应根据参考图进行修改。在这里，我们将画幅大小改为 768×1024 像素。为了更好地保留参考图的结构，我们把重绘幅度降低到 0.4。然后我们生成图像，发现图像的品质有一定的提升，如图 4-39 所示。

步骤 04 单击生成图像下面的"＞＞图生图"按钮，新生成的图像会替换图生图中的图像。

步骤 05 在提示词中增加颜色描述：(((Blue clothes, yellow fans, green ground))) —— 对应的含义为(((蓝色衣服，黄色的扇子，绿色的地面)))。生成后再单击"＞＞图生图"按钮，反复多次生成图像，虽然颜色有污染，但我们会发现图像的品质越来越好，如图 4-40 所示。

图 4-39 图生图的效果

图 4-40 效果展示

7 光影调色

图生图能够通过较大的重绘幅度，使用一张具有色彩倾向的图像来控制文本生成的图像，从而实现调色的效果。

本案例的主题是制作亮调作品。亮调作品通常是一种夏日的小清新风格，以白色、明度较高的浅色和中等明度的颜色为主，具有清爽、明亮、干净、明朗和柔和的特点。

我们先前往作品收集网站 Pinterest 收集所需的资料作为素材图像，通过搜索关键词"sunshine"找到了两幅符合我们所需风格的图像，这些图像的颜色饱和度较高，图像整体鲜艳、明亮，如图 4-41 所示。

图 4-41 素材图像

步骤 01 我们在文生图中生成一个女学生的形象：

正向提示词：(extremely detailed unity 8K wallpaper), full shot body photo of the most beautiful artwork in the world, intricate elegant, (highly detailed), smooth, sharp focus, intricate, high detail, sharp focus, dramatic, photorealistic, a beautiful girl, Chinese, (smile), ponytail, green school uniform, (pure, 18 years old, slim), in the classroom, (full-body picture), (mottled light and shadow, depth of field, warm light), wide angle view。

对应的含义：(画面极度精细的统一 8K 壁纸)，世界上最美丽的艺术品的全身照片，错综复杂而优雅，(画面精细)，平滑，锐利清晰，错综复杂，逼真的，一个美丽的女孩，中国，(微笑)，马尾辫，绿色校服，(纯洁，18 岁，身材苗条)，在教室里，(全身照)，(斑驳的光影，景深，暖光)，广角视角。

反向提示词：(worst quality, low quality:1.4),lowres, bad anatomy, bad hands, text, error, missing fingers, extra digit, fewer digits, cropped, worst quality, low quality, normal quality, jpeg artifacts, signature, watermark, username, blurry, sexuality, sex,((nsfw))。

对应的含义：(最差画质，低画质 :1.4)，低分辨率，不准确的生理结构，画得不好的手，文本，错误，缺少手指，额外的数字，较少的数字，裁剪，最差画质，低画质，普通画质，JPEG 伪像，签名，水印，用户名，模糊，性行为，性，((不适宜工作场所))。

步骤 02 主模型选择 ChilloutMix，采样方法改为 DPM++SDE Karras，生成图像的分辨率设置为 512×768 像素，勾选"面部修复"选项，然后测试效果，通过文生图生成的图像如图 4-42 所示。

图 4-42 文生图生成的图像

步骤 03 单击生成图像框下面的"＞＞图生图"按钮，切换到"图生图"面板，把图像替换成我们从网上找来的素材图像。

步骤 04 把提示词引导系数提高到12，重绘幅度设置成0.75，重绘幅度越小，光影效果就越好，而绘制出人物的概率则会变小，因此需要多生成一些图像以便我们进行挑选，如图 4-43 所示。

图 4-43 调色效果

步骤 05 将一幅明亮的饱和度较高的图像作为基本图，通过色彩图与文生图的叠加，生成的图像色彩效果明显有所加强（见图 4-43）。图生图后期氛围渲染是很实用的手法，比使用 Photoshop 或 After Effects 更方便、更快、效果更好，它与 Photoshop 中图层关系的原理相同，但效果能立体化渗透。

4.3 案例制作：暗调光影

我们可以通过图生图来学习如何精确控制图像的光影效果，模拟拍摄中的暗调摄影，突出电影般的质感，如图 4-44 所示。

图 4-44 光影效果

暗调摄影实际上是指照片的影调非常暗，整个画面的亮度较低。然而，通过明暗对比可以突出内容主体，营造出一种独特的境界和氛围。

暗调摄影的魅力在于用光的技巧，通常采用侧光或逆光拍摄，以突出主体的轮廓。这样可以在主体和背景之间产生反差，通过强烈的对比展现主体的立体感和质感。

步骤 01 查找素材。Pinterest 是一个非常有用的网站，可以在上面找到参考资料、浏览作品、学习美感，作为设计师，经常浏览 Pinterest 是必不可少的。

打开 Pinterest 网站，根据我们所需的风格图像，输入暗调人物摄影的专业术语"low key"（暗调）进行搜索，就会显示各种人像作品。找到所需的图像后，单击该图像，系统会使用大数据分析，将与之相似的图像全部显示在下方。我们可以选择几幅人像光影参考图并保存下来，如图 4-45 所示。

图 4-45 人像光影素材图像

步骤02 使用文生图生成一幅女生图像。

正向提示词：low key Style photo, (extremely detailed unity 8K wallpaper), midrange portrait, photo of the most beautiful artwork in the world, intricate elegant, highly detailed, sharp focus, photorealistic, Intricate, dramatic, 1 icy beauty, 30-year-old, Chinese, (high detail face1.2), serious, honorable, cold, grim, elegant haughty, leather jacket, (((wet clothes, wet face, wet skin, wet hair))), in the dark background, rain, (cool tone, a beam of light shines on the face), ((mottled light and shadow, depth of field, cool light)), (dindal effect:1.3), close shot, shot by sony alpha7, FE 35mm F2.8 GM。

对应的含义：暗调风格照片，（画面极度精细统一的 8K 壁纸），中距离肖像，世界上最美的艺术品的照片，错综复杂而优雅，画面精细，锐利清晰，逼真的，错综复杂，戏剧性，1 个冷酷的美女，30 岁，中国人，（高度细致的面部 1.2），严肃的，威严的，冷漠的，严峻的，优雅傲慢，皮夹克，（（（湿衣服，湿脸，湿皮肤，湿头发）））, 在黑暗的背景下，下雨，（冷色调，一束光照在脸上），（（斑驳的光影，景深，冷光）），（丁达尔效果 :1.3），近景拍摄，由索尼 alpha 7，FE 35mm F2.8 GM 拍摄。

反 向 提 示 词：(((canvas frame))), cartoon, 3D, ((disfigured)), ((bad art)), ((deformed)), ((extra limbs)), ((close up)), ((b&w)), weird colors, blurry, (((duplicate))), ((morbid)), ((mutilated)), extra fingers, mutated hands, ((poorly drawn hands)), ((poorly drawn face)), (((mutation))), (((deformed))), ((ugly)), blurry, ((bad anatomy)), (((bad proportions))), ((extra limbs)), cloned face, (((disfigured))), out of frame, ugly, extra limbs, (bad anatomy), gross proportions, (malformed limbs), ((missing arms)), ((missing legs)), (((extra arms))), (((extra legs))), mutated hands, (fused fingers), (too many fingers), (((long neck))), Photoshop, video game, ugly, tiling, poorly drawn hands, poorly drawn feet, poorly drawn face, out of frame, mutation, mutated, extra limbs, extra legs, extra arms, disfigured, deformed, cross-eye, body out of frame, blurry, bad art, bad anatomy, 3d render, ((nsfw))。

对应的含义：(((画布框架)))，卡通，3D，((畸形))，((糟糕的艺术))，((变形))，((多余的肢体))，((特写))，((黑白))，奇怪的颜色，模糊，(((重复)))，((恐怖的))，((残缺的))，多余的手指，异变的手，((画得不好的手))，((画得不好的脸))，(((变异)))，((畸形))，((丑陋))，模糊，((不准确的生理结构))，(((比例不好)))，((多余的肢体))，克隆的脸，(((畸形)))，超出画面范围，丑陋，额外肢体，(不准确的生理结构)，比例失调，(畸形的肢体)，((缺胳膊))，((缺腿))，(((多余的手臂)))，(((多余的腿)))，异变的手，(手指粘连)，(过多的手指)，(((长脖子)))，Photoshop，视频游戏，丑陋，平铺，画得不好的手，画得不好的脚，画得不好的脸，超出画面范围，变异，异变，多余的肢体，多余的腿，多余的手臂，畸形，变形，斜视，身体超出画面范围，模糊，糟糕的艺术，不准确的生理结构，3D渲染，((不适宜工作场所))。

步骤 03 主模型选择 ChilloutMix，采样方法改成 DPM++SDE Karras，把生成的图像分辨率改成 512×768 像素，勾选"面部修复"选项，生成的图像如图 4-46 所示。

图 4-46 文生图的效果图

步骤 04 单击图像框下面的"＞＞图生图"按钮，切换到图生图，把图像替换成我们从网上找来的素材图。

步骤 05 把提示词引导系数提高到 12，重绘幅度设置成 0.6。本案例和前面的色调控制不同之处是，前面案例的色调是一个不精确的、笼统的控制，而本案例中，我们的素材图像也是人物，因此，重绘幅度可以比较低，便于精确控制。最终生成的图像如图 4-47 所示。

图 4-47 利用光影控制生成的图像

4.4 思考与练习

思考题：

（1）图生图的作用有哪些？

（2）在图生图中，重绘幅度和提示词引导系数各自的作用是什么，两者有什么关系？

练习题：生成图像"光影女生"，分别制作一个清新风格和一个暗调风格。

LoRA 微调
模型

本章概述： 学习 LoRA 微调模型的各项功能，掌握 LoRA 的应用技巧。

本章重点：

- 学习 LoRA 微调模型的类型
- 了解 LoRA 微调模型的组合使用

LoRA 是 Stable Diffusion 中非常火热的名词，Civitai 网站有几万个 LoRA 微调模型，百花齐放，让人眼花缭乱，它常常以插件的形式应用在 Stable Diffusion 中，我们可以通过它来定制自己喜爱的人物，也可以产生让人惊叹的艺术风格，还可以按照自己的喜好训练自己的 LoRA，它是 Stable Diffusion 不可或缺的重要组成部分。

▓ 5.1 LoRA 是什么

LoRA 是目前 Stable Diffusion 中最受欢迎的微调模型，旨在解决对大型语言模型进行微调的问题。它通过训练低秩矩阵来微调大型主模型，以产生自定义的画面风格或角色。LoRA 能冻结预训练模型的权重，并在每个 Transformer 块中注入可训练层（称为秩分解矩阵）。这样做大大减少了可训练参数的数量和 GPU 显存的需求，因为大部分模型权重不需要计算梯度。研究人员发现，通过专注于大型语言模型的 Transformer 注意力块，LoRA 的微调质量与完整模型的微调相当，同时速度更快、计算需求更低。

LoRA 可以在个人计算机上进行训练，定制自己的 IP 形象，使庞大的大模型更加灵活。

LoRA 微调模型可以从 Civitai 网站下载，用户可以选择适合的 LoRA 类型，如图 5-1 所示。

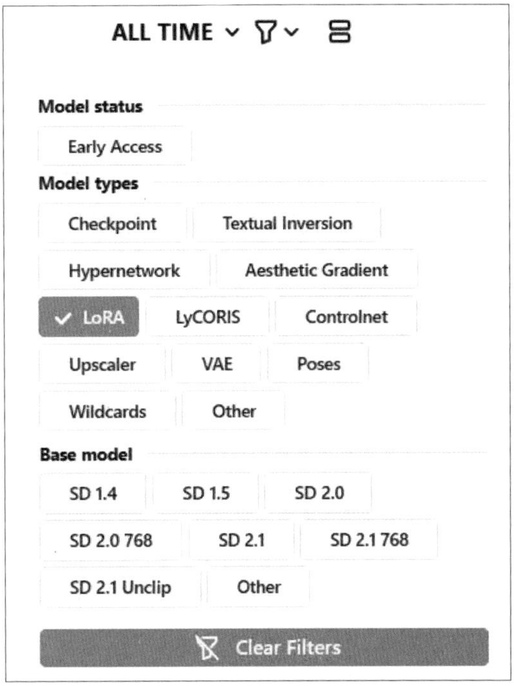

LoRA 的安装和模型复制的详细步骤请参考本书第 2 章。在使用 LoRA 之前，我们需要设置 LoRA 的目录，以避免模型目录在不同位置导致重复复制 LoRA 微调模型的问题。打开设置选项卡，进入"Additional Networks"，将目录设置为 D:\Program Files\stable-diffusion-webui\models\lora，如图 5-2 所示。请注意，这里的 D:\Program Files\ 是笔者的 Stable Diffusion 软件的安装位置，读者需要根据自己的安装目录进行相应的设置。

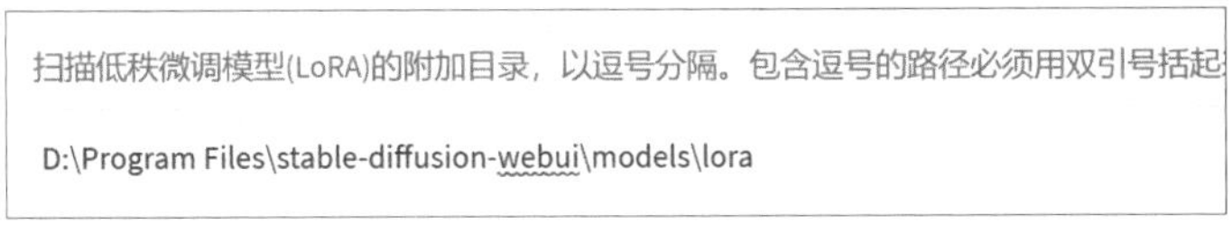

图 5-1 在 Civitai 网站选择 LoRA

扫描低秩微调模型(LoRA)的附加目录，以逗号分隔。包含逗号的路径必须用双引号括起

D:\Program Files\stable-diffusion-webui\models\lora

图 5-2 为 LoRA 微调模型设置好目录

保存设置后重启系统，LoRA 微调模型的目录设置将会被修改。

5.2 LoRA 的类型和功能

LoRA 的类型和功能可以分为定制人物、设定风格、控制光影、管理场景和特定模型。

5.2.1 定制人物

用 LoRA 定制特定的人物，这是 LoRA 目前应用最广泛的功能。接下来举例说明，应用的 LoRA 微调模型为 KoreanDollLikeness（韩国女孩）。

步骤 **01** 先用文生图生成女孩肖像。输入相关提示词。

正向提示词：(Photo, 8K, masterpiece, highly detailed, Highest quality:1.4), 1 girl, ponytail, long yellow dress。

对应的含义：(照片，8K，杰作，画面精细，最高画质：1.4)，1 个女孩，马尾辫，黄色长裙。

反向提示词：(worst quality, low quality, lowres:1.3), error, cropped, jpeg artifacts, out of frame, watermark, signature, ((nsfw))。

对应的含义：(最差的质量，低质量，低分辨率：1.3)，错误，裁剪，JPEG 伪影，超出画面范围，水印，签名，(不适宜工作场所)。

步骤 **02** 主模型选用 ChilloutMix，生成图像的分辨率设置为 768×768 像素，采样方法设置为 DPM++SDE Karras，勾选"面部修复"选项（写实作品需要勾选）。

方形的图像大概率会生成一个半身肖像，每次生成的人脸都是不固定的，有很大的随机性，如图 5-3 所示。

图 5-3 先用文生图生成女孩肖像

我们用不同的方法演示 LoRA 的使用，第一个方法使用提示词的方式来应用 LoRA，后面会使用插件的方式来应用 LoRA，因为用插件更方便。

步骤 **01** 单击"生成"按钮下的 ▣ （显示 / 隐藏扩展模型）按钮，软件会弹出安装在本地的模型窗口，切换到 Lora 选项卡，随后下方会显示 LoRA 的各个已复制的微调模型，如图 5-4 所示。

图 5-4 LoRA 微调模型

步骤 02 选择了 KoreanDollLikeness 微调模型，选择后在提示词中会出现 <lora:koreanDollLikeness_v10:1>，其中的 1 表示权重是 1，我们可以修改这个权重值。选择好 KoreanDollLikeness 后，每次生成的图像都会指定为韩国女孩的面容，如图 5-5 所示。

图 5-5 生成的图像被指定为韩国女孩的面容

通过使用提示词的方式来应用 LoRA 比较直观，他人能很清晰地看到所使用的 LoRA 提示词；而使用插件则不会留下提示词的痕迹。不过，使用多个 LoRA 微调模型可能会导致提示词变得很长。

5.2.2 设定风格

LoRA 模型既可以单独使用，也可以组合使用。

1）单独使用 LoRA 模型

我们通过使用插件的方式来演示如何应用单个 LoRA 微调模型，应用的 LoRA 模型为小人书。

步骤01 从 Civitai 网站上搜索"小人书"并下载"小人书"模型，它是一个传统的连环画风格图像模型，偏向于中国风，如图 5-6 所示。

图 5-6 "小人书"模型

步骤02 依旧使用上一小节的提示词，先删除 <lora:koreanDollLikeness_v10:1>，然后打开面板中的"可选附加网络 (LoRA 插件)"列表，可以看到能同时应用 5 个 LoRA 插件，勾选"启用"选项，再选择"小人书"模型，权重设置保持为默认的 1，如图 5-7 所示。

步骤03 生成图像，图像风格转变为手绘连环画，如图 5-8 所示。

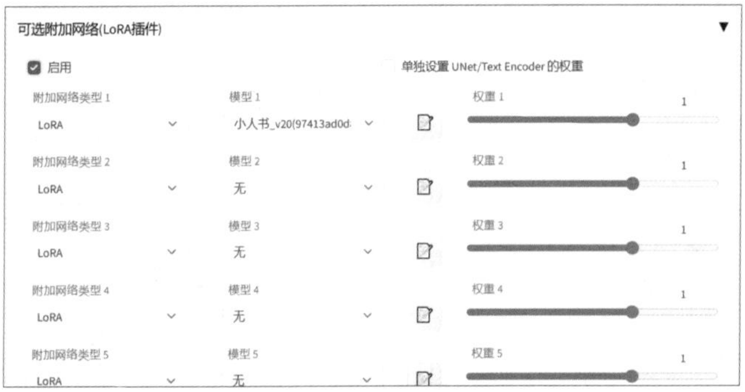

图 5-7 插件设置

图 5-8 生成插画效果的图像

2）组合使用 LoRA 模型

在插件中，可以使用多个 LoRA 组合，通过不同的权重搭配形成混合效果。可以将它理解为在主模型上增加了新层，然后在新层上进行修改，各种权重代表着透明度，能够改变主模型的外形和风格。

步骤01 先测试另外一个 LoRA 模型 blindbox，它是一个可爱的 3D 人物模型，如图 5-9 所示。

图 5-9 blindbox 模型

步骤02 在 LoRA 选项列表中，把"小人书"模型更改成 blindbox 模型，再生成图像，结果如图 5-10 所示。

步骤03 我们尝试让两个模型进行组合（也可以成为风格的融合），勾选第二个 LoRA 附加模型为"小人书"模型，把两个模型的权重都设置成 0.65，如图 5-11 所示。

图 5-10 选用 blindbox 模型生成的图像

图 5-11 附加模型与权重的设置

步骤 04 生成图像，就可以得到 2.5D 效果的图像，如图 5-12 所示。

多个 LoRA 微调模型的组合，是非常具备艺术价值的用法，让各个微调模型按权重进行融合，调节几个 LoRA 微调模型的不同权重值，能够形成丰富的变化。如果画面中出现伪阴影等错误，则需要降低权重。

5.2.3 控制光影

在绘图中，影调控制是指对图像的亮度和对比度进行调整，以使图像更加明亮或暗淡。

图 5-12 组合两个 LoRA 微调模型后生成的图像

在绘画作品中，影调起到非常重要的作用。接下来，我们学习 4 个 LoRA 模型以控制作品中的影调。这 4 个模型包括：epi_noiseoffset、FilmGirl、Lowra 和 Lit。

首先，通过文生图生成一幅图像。

正向提示词：(photorealistic:1.4), (extremely intricate:1.2), (exquisitely detailed skin), cinematic light, ultra high res, 8K UHD, intricate details, movie light, oil painting texture, film grain, dreamlike, perfect anatomy, best shadow, delicate, RAW, (1 lion), foggy background, mountain tops, forests, clouds。

对应的含义：（照片级逼真度 :1.4)，（极其复杂 :1.2)，（细腻的皮肤），电影般的光影效果，超高分辨率，8K 超高清，复杂的细节，电影般的光影效果，油画纹理质感，电影颗感，如梦似幻，完美的解剖学结构，最佳的阴影效果，精致的，未处理的原始图像（RAW），(1 只狮子），雾蒙蒙的背景，山顶，森林，云朵）。

反向提示词：paintings, sketches, (worst quality:2), (low quality:2), (normal quality:2), lowres, blurry, text, logo, ((monochrome)), ((grayscale)), skin spots, acnes, skin blemishes, age spot, nipples, strabismus, wrong finger, fused fingers, umbrella, blemishes, moles, humans。

对应的含义：绘画作品，素描，(最差画质：2)，(低画质：2)，(普通画质：2)，低分辨率，模糊，文字，标志，((单色))，((灰度))，肤斑，痤疮，皮肤瑕疵，年龄斑，乳头，斜视，错误的手指，手指粘连，雨伞，瑕疵，痣，人类。

主模型选用ChilloutMix，生成图像的分辨率设置为768×512 像素，采样方法设置为 DPM++SDE Karras。以文生图生成一下图像，这是一幅雄狮的写实图像，如图 5-13 所示。

> **注意** 案例中的基础图像就是未应用 LoRA 微调模型，仅通过上面的正向和反向提示词生成的图像。

图 5-13 文生图生成的雄狮基础图像

下面使用插件的方式来测试这 4 个光影 LoRA 模型。

1）epi_noiseoffset 插件

首先打开 LoRA 插件面板，勾选"启用"选项，再选择 epi_noiseoffset 插件，它是一个暗调风格的模型，如图 5-14 所示。

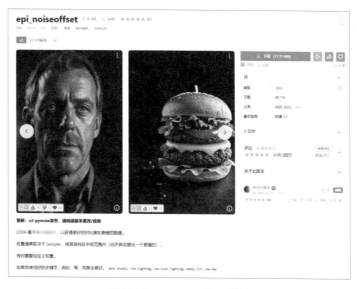

图 5-14 epi_noiseoffset 插件

生成一下图像，效果如图 5-15 所示。

图 5-15　使用 epi_noiseoffset 插件后生成的图像

如果觉得效果不明显，我们可以去官网查看说明，官网提示需要结合关键词使用，这样效果会更好。正向提示词包括：dark studio, rim lighting, two tone lighting, dimly lit, low key。对应的含义：昏暗工作室，边缘照明，双调光照，低调照明。我们在提示词中增加关键词 (low key:1.3)，效果就很明显了，如图 5-16 所示。

图 5-16　增加提示词与权重后生成的图像

2）FilmGirl 插件

我们来测试第二个模型，把 epi_noiseoffset 插件更换成 FilmGirl 插件，如图 5-17 所示。这是一个用于生成胶片风格 AI 写真照片的 LoRA 模型。配合主模型 MoonMIX 或 Chilloumix 来使用，可以生成逼真的胶片风格照片。

图 5-17 FilmGirl 插件

我们再生成一下雄狮图像，画面的对比度有所提升，如图 5-18 所示。

图 5-18 使用 FilmGirl 插件后生成的图像

3）LowRA 插件

在光影模型中，LowRA 插件（见图 5-19）具有很强烈的暗调和逆光效果。当权重设置为 1 时，通常会产生夜晚的效果。

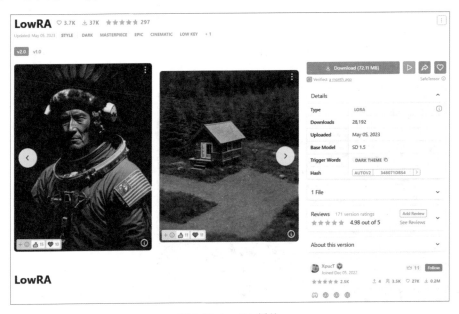

图 5-19 LowRA 插件

参照官方的说明，权重值设置为 0.6~0.8，效果最佳。生成的图像如图 5-20 所示。

图 5-20 使用 LowRA 插件后生成的图像

4）Lit 插件

Lit 插件（见图 5-21）具有亮调的效果。

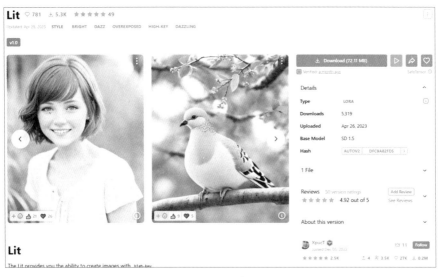

图 5-21 Lit 插件

参照 Lit 官方的说明，建议权重值不要超过 0.9，否则容易曝光。我们把权重值设置为 0.7，如图 5-22 所示。

图 5-22 Lit 微调模型权重的设置

我们删除 (low key:1.3) 提示词，把 Lit 微调模型对应的权重值保持在 0.7，再生成一下图像，结果如图 5-23 所示。

图 5-23 使用 Lit 插件后生成的图像

在 LoRA 插件中有个技巧，即权重参数设置为负值，插件就会形成反向作用。如在本案例中把 Lit 微调模型的权重值设置为 –0.8，如图 5-24 所示。生成的效果就成为暗调，只不过颜色有些问题，如图 5-25 所示。

图 5-24 Lit 微调模型权重设置为负值

图 5-25 Lit 微调模型权重为负值时生成的图像

5.2.4 管理场景

在这个案例中，我们通过设计一个电子商务运动鞋商品展示图，呈现了一个微缩模型的迷你世界。应用的 LoRA 场景管理微调模型：微缩模型 M_mini scene（迷你盒盒）。

微缩世界（Microcosm）指的是一个小而完整的世界，通常是一种精细的复制品，可以是一个物体、一个场景或者一个景象。它可以用来展示或模拟真实的事物，比如建筑物、车辆、飞机、船只、战场和城镇等。微缩世界也可以用于艺术创作，比如绘画、摄影、电影和视频游戏等。在玩具行业中，它也是一种非常流行的产品，例如迷你汽车、迷你火车和迷你娃娃等。这种风格在阿里、京东、腾讯等大型公司中受到欢迎，广泛应用于广告设计、海报设计、网站、UI、电商和产品展示等领域。

步骤 01 使用文生图生成一幅图像。

正向提示词：(isometric, miniature:1.6), (8K, RAW photo, best quality, highest detail, masterpiece:1.2), Octane render, (sports shoes), some geometry, random combination, random arrangement, (multilayer placement), bright color.

对应的含义：（等距投影，微缩 :1.6)，(8K，RAW 照片，最佳画质，画面精细，杰作 :1.2)，Octane 渲染，（运动鞋），一些几何形状，随机组合，随机排列，（多层放置），明亮的颜色。

反向提示词：(worst quality, low quality:1.4), lowres。

对应的含义：（最差画质，低画质 : 1.4)，低分辨率。

提示词中，miniature 是一个专用名词，指的是小型模型或者微缩模型。Isometric 是一个几何学术语，指的是一种具有等角尺度的三维图形投影方式。在 Isometric 图形中，三个轴线（通常是 X 轴、Y 轴和 Z 轴）的夹角都是120°，这意味着每个轴线上的距离比例相同。因此，Isometric 图形看起来非常立体和逼真，同时没有远近视觉混淆的问题。

选择 artErosAerosATribute 作为主模型，并将采样方法设置为 DPM++SDE Karras，画幅设置为 768×768 像素。

现在以文生图生成一幅图像，这是一幅展示运动鞋的图像，如图 5-26 所示。

图 5-26 以文生图生成的运动鞋基础图像

步骤 02 打开 LoRA 插件，选择 M_mini scene（迷你盒盒），这个微调模型会把场景细化成很多较小的人物和几何体，因此需要降低权重。把权重设置为 0.3，然后重新生成图像，得到如图 5-27 所示的效果。

步骤 03 尝试放入容器，如 glass tank（比玻璃罐子）、jar（罐子）、box（盒子）、bowl（碗）。我们在提示词中增加（glass tank:1.5），对应的含义为（玻璃罐子 :1.5)，重新生成图像，结果如图 5-28 所示。

图 5-27 使用 M_mini scene（迷你盒盒）模型后
生成的图像

图 5-28 加入容器 Glass tank 后生成的图像

5.2.5 特定模型

LoRA 可以生成一些特定的图标、符号、部件等。如 DDicon_v2_lora 插件专门用于制作
3D 图标。

步骤 01 使用文生图生成一幅图像。

正向提示词：best quality, 8K, Octane render, C4D, transparent glass box, blue, frosted glass, transparent technology sense, industrial design, white background, studio lighting。

对应的含义：最佳画质，8K，Octane 渲染，C4D，透明玻璃盒，蓝色，磨砂玻璃，透明技术感，工业设计，白色背景，工作室照明。

反向提示词：lowres, (worst quality:2), (low quality:2), (normal quality:2), paintings, sketches, lowres, text, error。

对应的含义：低分辨率，(最差画质：2)，(低画质：2)，(普通画质：2)，绘画，素描，低分辨率，文字，错误。

选用 ReV Animated 作为主模型，并将要生成图像的分辨率设置为 768×768 像素。以文生图来生成图像，结果如图 5-29 所示。

图 5-29 以文生图生成的基础图像

步骤 02 我们在 LoRA 中开启 DDicon_v2_lora，形成了图标造型，三维玻璃效果增强了很多，可以生成非常时尚的图标渲染的质感，如图 5-30 所示。

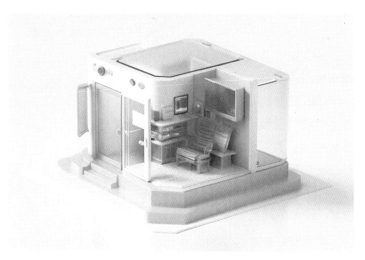

图 5-30 使用 DDicon_v2_lora 插件后生成的图像

当然，这些只是 LoRA 其中的一部分功能，想要更多的效果，需要我们不断探索与挖掘。

5.3 LyCORIS 模型

在 5.2.4 节的案例中，使用了提示词来测试微缩版世界的效果，但实际上并不是非常理想。在 Civitai 网站上有一个微缩版世界模型，效果更好，但它的类型是 LyCORIS 模型，如图 5-31 所示。

图 5-31 LyCORIS 微缩模型

LyCORIS 算是 LoRA 模型的一种，也是微调模型，但是它和普通的 LoRA 不一样，LyCORIS 具有比 LoRA 更高的信息承载量和更多的控制层数，在某种程度上比 LoRA 更强大一些。目前整合包中还没有安装该插件，我们需要通过网址（https://github.com/KohakuBlueleaf/a1111-sd-webui-locon）进行安装，如图 5-32 所示。

图 5-32 安装插件

将模型安装到 LyCORIS 模型目录 \Stable-Diffusion-webui\models\LyCORIS 中。

下面我们改进一下前面的微缩模型的效果。

步骤 01 各项参数设置一致，修改提示词。

正向提示词：(isometric, miniature:1.2), (8K, RAW photo, best quality, highest detail, masterpiece:1.2), Octane render, some geometry, random combination, random arrangement, (multilayer placement), bright color。

对应的含义：（等距投影，微缩 :1.6），(8K，RAW 照片，最佳画质，画面精细，杰作 :1.2)，Octane 渲染，一些几何形状，随机组合，随机排列，（多层放置），明亮的颜色。

反向提示词：lowres, (worst quality:1.5), (low quality:1.5), (normal quality:1.5), paintings, sketches, lowres, text, error。

对应的含义：低分辨率，（最差画质：1.5），（低画质：1.5），（普通画质：1.5），绘画，素描，低分辨率，文字，错误。

步骤02 单击"生成"按钮下的 ▣（显示／隐藏扩展模型）按钮，如图 5-33 所示。

步骤03 切换到 LyCORIS 模型，单击 miniatureWorldStyle 模型，如图 5-34 所示。

图 5-33 显示／隐藏扩展模型按钮　　　　图 5-34 选择 miniatureWorldStyle 模型

提示词中会出现 <lyco:miniatureWorldStyle_v10:1.0>。

步骤04 重新生成图像，微缩效果有了一定提升，如图 5-35 所示。

图 5-35 微缩效果

5.4 LoRA 的分层处理

在 LoRA 的使用过程中，有时会出现影响过大的问题。举例来说，当我们修改一个角色时，LoRA 人物往往会影响主模型的整个画面效果。为了解决这个问题，Stable Diffusion 提出分层控制。分层控制可以让 LoRA 只影响画面的局部，比如脸部、服饰、动作等。

LoRA 把模型分为了 17 层，这使得分层技术成为可能。我们可以使用一个名为 LoRA-block-weight 的插件来进行控制，插件的安装网址是：https://github.com/hako-mikan/sd-webui-lora-block-weight，如图 5-36 所示。

该插件安装完毕后，Stable Diffusion 界面会出现插件选项，勾选"启用"选项即可，如图 5-37 所示。

图 5-36 安装 LoRA-block-weight 插件

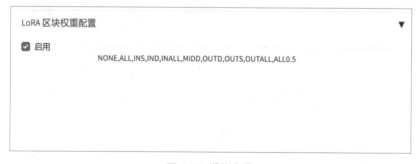

图 5-37 插件选项

具体的字母表达，插件的作者是这样分布的：

我们可以将调试数据导入插件以便通过提示词来控制 LoRA 的图层。具体格式如下：

< 人物 lora.1.1,0,0,0,0,0,0,0,0,0,0,0,0,0,0,0,0>

如果想要影响其中某个图层，只需将该层的 0 改为 1。

另外，还有一种格式如 < 人物 Lora:0.5:MIDD>，表示 LoRA 权重开启了 0.5，并开启了中间层。

关于具体的字母表达方式，插件的作者设置了如表 5-1 所示的插件图层分布。

表5-1 插件图层的分布

字　　母	图　　层	分层编号
INS	2~4层	1,1,1,1,0,0,0,0,0,0,0,0,0,0,0,0,0
IND	5~7层	1,0,0,0,1,1,1,0,0,0,0,0,0,0,0,0,0
INALL	INS+IND 2~7层	1,1,1,1,1,1,1,0,0,0,0,0,0,0,0,0,0
MIDD	IND+MID+OUTD部分5~12层	1,0,0,0,1,1,1,1,1,1,1,1,1,0,0,0,0
OUTD	9~12层	1,0,0,0,0,0,0,0,1,1,1,1,0,0,0,0,0
OUTS	13~17层	1,0,0,0,0,0,0,0,0,0,0,0,1,1,1,1,1
OUTALL	OUTD+OUTS 9~17层	1,0,0,0,0,0,0,0,1,1,1,1,1,1,1,1,1

接下来，我们通过一个案例来测试效果——将之前的韩国写实女孩的例子进行分层处理。在提示词中加入<lora:koreanDollLikeness_v15:0.8:MIDD>，这样可以让 LoRA 只影响中间层。

重新生成图像，效果如图 5-38 所示。

图 5-38 分层效果

5.5 案例制作：水墨效果

在传统绘画中，水墨效果需要多年的训练，才能画出具有艺术感的作品。然而，AI 绘画使我们能够零距离尝试这门艺术。水墨画的特点是不追求物体外表的相似性，不强调透视，而是通过线条来表现意境。

水墨画在绘制过程中注重层次感，通过墨色的浓淡在宣纸上晕染出黑、灰、白的色彩。整体上体现了单纯性、象征性和自然性。

在本节的系列案例中，使用的主模型是 guofeng3（国风 3），这是一个在制作中国场景效果方面表现出色的模型。LoRA 微调模型主要使用了两个，分别是"墨心"和"疏可走马"，由 simhuang 开发。"墨心"用于生成水墨笔触效果，而"疏可走马"则用于产生留白效果。

在开始案例制作之前，我们需要进入"墨心"和"疏可走马"的 Civitai 网站发布页，查看一下说明。在使用 LoRA 和模型库之前，最好养成查看它们的介绍的习惯。通过发布网站，我们可以学习提示词和注意事项。

我们看到关于"墨心"和"疏可走马"的重要注意事项有：

（1）提示词引导系数范围将会改变风格：

- 1 ～ 3：大小写意。
- 3 ～ 7：逐渐工笔。

（2）推荐使用的主模型为 ChilloutMix、国风 3.2 等。

（3）对于"墨心"的 LoRA 权重值，建议采用 0.85 以下的值。

（4）对于"疏可走马"的 LoRA 权重值，建议采用 0.7~1.0 的值。

这些注意事项非常重要，它们代表着水墨效果的好坏。

案例 1：

步骤 01 输入相关提示词。

正向提示词：traditional Chinese ink painting, (tiger:1.2), solo, surrounded by fog, there are mountains in the distance, atmospheric, landscape。

对应的含义：中国传统水墨画，(虎 :1.2)，独自，被雾气环绕，远处有山脉，氛围感，风景画。

反向提示词：(worst quality:2), (low quality:2), (normal quality:2), lowres, normal quality, skin spots, acnes, skin blemishes, age spot, glans, (watermark:2)。

对应的含义：(最差画质 : 2)，(低画质 : 2)，(普通画质 : 2)，低分辨率，普通画质，斑点，痘痘，皮肤瑕疵，老年斑，glans，(水印 :2)。

步骤 02 主模型选用"国风 3"，采样方法设置为 DPM++SDE Karras。以文生图生成图像，生成图像的分辨率设置为 768×1024 像素。参照官网说明，我们把提示词引导系数改成 3，于是会生成一幅半写实的图像，如图 5-39 所示。

图 5-39 以文生图生成的老虎基础图像

步骤 03 接下来,我们测试一下微调模型在不同权重值时的效果。打开 LoRA 中的"墨心"模型,
把该微调模型权重分别设置成 0.1、0.5 和 0.8,得到的结果如图 5-40 所示。可见"墨
心"模型是控制画笔的,权重值越大,水墨效果越强。

图 5-40 "墨心"模型权重值分别为 0.1、0.5 和 0.8 时生成的 3 幅图像

步骤 **04** 换成"疏可走马"微调模型，再测试一下权重值为 0.1、0.5 和 0.8 时对构图的影响。生成的 3 幅图像如图 5-41 所示。可见"疏可走马"模型是控制留白的，权重值越大，留白就越大，水墨的笔触也越强。

图 5-41 "疏可走马"模型权重值为 0.1、0.5 和 0.8 时生成的 3 幅图像

步骤 **05** 我们把"墨心"和"疏可走马"模型的权重按照官网说明分别设置成 0.55 和 0.80，如图 5-42 所示。

图 5-42 设置微调模型的权重

最后生成的图像如图 5-43 所示。

现在回顾一下提示词引导系数的作用，分别设置为 1 和 10 时，生成的图像如图 5-44 所示，可以看到非常明显的风格变化。我们最终将提示词引导系数设置为 3。

图 5-43 组合"墨心"和"疏可走马"模型后生成的图像

图 5-44 提示词引导系数不同，生成不同效果的图像

案例 2：

LoRA 保持不变，删除关于山脉的提示词，尝试将荷花、梅花、龙、竹等作为主题，观察它们的水墨画效果。

1）花

正向提示词： shukezouma, negative space, shuimobysim, a branch of flower, traditional Chinese ink painting。

对应的含义： 疏可走马，负空间，水墨笔触，一枝花，中国传统水墨画。

重新生成图像，结果如图 5-45 所示。

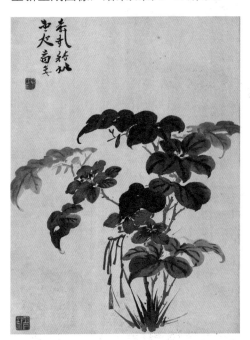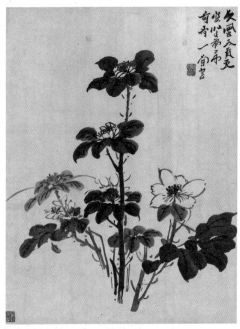

图 5-45 水墨画——花

2）龙

正向提示词： traditional Chinese ink painting, (Chinese dragon:1.2), golden, solo, sur rounded by fog, there are mountains in the distance, atmospheric, landscape。

对应的含义： 中国传统水墨画，(中国龙 :1.2)，金色，独自，被雾气环绕，远处有山脉，氛围感，风景画。

生成图像，结果如图 5-46 所示。

图 5-46 水墨画——龙

3）鸟

正向提示词：a bird, sit on branch, traditional Chinese ink painting。

对应的含义：一只鸟，栖息在树枝上，中国传统水墨画。

生成图像，结果如图 5-47 所示。

图 5-47 水墨画——鸟

4）梅花

正向提示词：shukezouma, negative space, shuimobysim, traditional Chinese ink painting, (plum blossom :1.2),covered with snow, Surrounded by fog, there are mountains in the distance, atmospheric, landscape。

对应的含义：疏可走马，负空间，水墨笔触，中国传统水墨画，（梅花 :1.2)，被雪覆盖，被雾气环绕，远处有山脉，氛围感，风景画。

生成图像，结果如图 5-48 所示。

图 5-48 水墨画——梅花

5）竹林

正向提示词：shukezouma, negative space, shuimobysim, traditional Chinese ink painting, (bamboo forest :1.2), fog, atmospheric, landscape。

对应的含义：疏可走马，负空间，水墨笔触，中国传统水墨画，（竹林 :1.2)，雾气，氛围感，风景画。

生成图像，结果如图 5-49 所示。

6）女孩

正向提示词：traditional Chinese ink painting, (1 girl), hanfu, solo, beautiful, garden, atmospheric, landscape。

图 5-49 水墨画——竹林

对应的含义：中国传统水墨画，(1 个女孩)，汉服，独自，美丽，花园，氛围感，风景画。

生成图像，结果如图 5-50 所示。

图 5-50 水墨画——女孩

7）荷花

正向提示词: traditional Chinese ink painting, Lotus leaves, lotus flowers, pavilions, water, atmospheric, landscape。

对应的含义: 中国传统水墨画，荷叶，荷花，亭台楼阁，水，氛围感，风景画。

生成图像，结果如图 5-51 所示。

图 5-51 水墨画——荷花

5.6 思考与练习

思考题: LoRA 有哪些功能？列举常用的微调模型。

练习题: 生成图像"水墨竹林"。

第 6 章 ControlNet 的应用

AI 绘画
Stable Diffusion
从入门到精通

本章概述： 学习 ControlNet 的各项控制功能，掌握 ControlNet 的常用应用技巧。

本章重点：

- 学习 ControlNet 的控制类型
- 了解 ControlNet 的组合使用

AI 绘画能够非常便捷地生成各种各样的图像，然而一直以来都存在一个共同的问题和痛点，即无论是文生图还是图生图，随机性都过强，可控性较差。直到 ControlNet 的诞生，这个问题才得到一定程度的解决。ControlNet 是一个专业的精确控制的插件，它让 AI 绘画能够真正应用到具体的设计工作中。

6.1 了解 ControlNet

ControlNet 是一种神经网络结构，通过添加额外条件来控制扩散模型，而不会破坏文生图和图生图已经形成的扩散模型。该项目的作者张吕敏毕业于苏州大学，是一位就读于斯坦福大学的中国学者。ControlNet 几乎每个月都会进行迭代更新，因此我们应及时关注官方的说明文档。

项目网址为：https://github.com/Illyasviel/ControlNet/。

6.1.1 ControlNet 的工作原理

ControlNet 的工作原理是将可训练的网络模块附加到稳定扩散模型的 U-Net（噪声预测器）的各个部分。Stable Diffusion 模型的权重是锁定的，因此它们在训练过程中保持不变。在训练模型期间，只有附加模块被修改。它将网络结构划分为可训练和不可训练部分，其中可训练的部分用于学习可控的特定任务，而不可训练的部分保留了 Stable Diffusion 模型的原始数据。因此，在使用少量数据进行引导的情况下，可以确保完全学习前置约束并保留原始扩散模型的自身学习能力。

6.1.2 ControlNet 的安装

1 插件的安装

打开 Stable Diffusion 后，在 WebUI 界面中查看是否存在 ControlNet 选项卡。具体的界面布局可能因整合包的差异而有所不同，不同的软件包可能会使用其他名称。图 6-1 是大多数 ControlNet 在 Stable Diffusion 界面中的位置。

图 6-1 ControlNet 面板在 Stable Diffusion 界面中的位置

如果集成软件包中没有 ControlNet 插件，就需要手动进行安装。切换到"扩展"选项卡，再选择"从网址安装"选项，输入网址 https://github.com/Mikubill/sd-webui-controlnet 后单击"安装"按钮，如图 6-2 所示。

安装完该插件后，切换到"已安装"选项卡，如果在"扩展"选项卡中看到了 ControlNet，如图6-3所示，那么单击"应用并重启用户界面"按钮重启一下 Stable Diffusion 的 WebUI（Web 界面）。

图 6-2 ControlNet 插件的安装

图 6-3 ControlNet 安装完毕

要是 ControlNet 的版本较低，就需要进行更新。如果整合包启动器支持更新功能，那么选择启动器的更新工具进行更新即可。如果在更新过程中遇到问题，一种彻底的解决方法是删除 \stable-diffusion-webui\extensions\ 目录下的 sd-webui-controlnet 文件夹，然后按照之前提到的方法重新安装一次。

2 模型的安装

打开网址 https://huggingface.co/lllyasviel/ControlNet-v1-1/tree/main，进入模型下载目录，我们会看到模型的命名为 control_v11……，其中有"P"和"E"两个类型，"P"是已经完成的模型，"E"是正在实验的模型。

下载后缀名为"Pth"的模型文件，并把它复制到 stable-diffusion-webui\extensions\sd-webui-controlnet\models 目录下。

注意 在使用过程中，同一个模型的 yaml 和 Pth 必须具有相同的文件名。配置文件（yaml）是插件安装完成后自动生成的，无须额外下载。

3 预处理器模型的安装

在使用 ControlNet 功能时，会在线安装预处理器模型。这些模型将被安装在 Stable-Diffusion-webui\extensions\sd-webui-controlnet\annotator\downloads\ 目录中。另外，我们也可以手动下载并复制到该目录下，文件大小约为 8GB。如果没有安装预处理器模型，许多功能将无法使用。

ControlNet 的安装是一个相当复杂的过程，不同版本会有不同的要求，并且更新非常频繁。如果当前版本比较稳定，就不需要过于频繁地进行更新，只要满足使用需求即可。但如果有一些特别出色的功能需要及时更新，就需要仔细阅读官方的说明文档。

6.1.3 ControlNet 的参数

（1）多开窗口：可以同时使用多个 ControlNet 插件，每一个都有独立的参数，如图 6-4 所示。多开窗口的数量设置，可以通过 WebUI 选项卡来设置 ControlNet-ControlNet Unit 的最大数量（需重启），输入相关数字后重启。

图 6-4 多开窗口

（2）图像上传面板：上传控制素材图像，该窗口也能预览预处理器的效果图，如图 6-5 所示。

图 6-5 图像上传面板

（3）小图标功能：分别是打开新画布、开启网络摄像头、镜像网络摄像头、把当前图片尺寸信息发送到生成设置。

（4）启用面板：ControlNet 的参数并不多，在使用过程中，大部分初学者只需按照预设操作即可，如图 6-6 所示。

图 6-6 ControlNet 的启用面板

- 启用：勾选此选项后，单击"生成"按钮时，ControlNet 插件才会生效。
- 低显存模式：如果当前系统的显卡内存（显存）比较小，则需要勾选此选项。

- 完美像素模式：自动计算最佳预处理器分辨率。
- 允许预览：在面板上预览预处理器计算效果。

（5）控制类型：也叫控件类型，选择各种控件对图像进行精确控制。来自 Stable Diffusion 的不同 WebUI 版本，布局会有所不同，各个控制类型的中文名称翻译不同，但是功能是一样的。图 6-7 为控制类型布局的界面。

图 6-7 控制类型

（6）预处理器和模型：每个 ControlNet 的预处理器都有不同的功能，中间的闪电图标按钮可用于对效果进行预处理，右侧是刷新模型的按钮，如图 6-8 所示。

图 6-8 预处理器

图中的模型是指与各预处理器匹配的专属模型。模型必须与预处理器选项框内的类型匹配，才能保证正确生成预期的结果。

（7）控制模式：与提示词和控制器各自的影响力有关的设置，一般选择"均衡"模式，如图 6-9 所示。

（8）缩放模式：ControlNet 图像和 Stable Diffusion 图像最好设置相同的分辨率。如果分辨率不同，会受到 3 个参数的影响：仅调整大小、裁剪后缩放和缩放后填充空白。仅调整大小会导致图像变形，裁剪后缩放会切割图像，缩放后填充空白会添加内容，这与图生图中图像生成的缩放参数效果类似。缩放模式的设置选项如图 6-10 所示。

图 6-9 控制模式　　　　　　　　　　图 6-10 缩放模式

（9）权重：代表使用ControlNet 插件生成图像时精确控制的强度，设置面板如图 6-11 所示。

图 6-11 权重

6.2 ControlNet 的类型和功能

ControlNet 不断在进行升级，不同的版本的功能也有所不同。本书使用的版本是 1.1.214，模型有 15 个类型，如表 6-1 所示。

表6-1 精准控制类型表

控制类型名称	对应模型	预处理模型	模型描述
Canny	control_v11p_sd15_canny	canny	硬边缘检测
Depth	control_v11f1p_sd15_depth	depth_leres depth_leres++ depth_midas depth_zoe	深度检测
Inpaint	control_v11p_sd15_inpaint	inpaint_global_harmonious inpaint_only	局部重绘
Lineart	control_v11p_sd15_lineart	lineart_anime lineart_anime_denoise lineart_coarse lineart_realistic lineart_standard (from white bg & black line)	边缘检测，线稿上色
MLSD	control_v11p_sd15_mlsd	mlsd	线段识别，适合建筑设计
Normal	control_v11p_sd15_normalbae	normal_bae normal_midas	根据图像生成法线贴图
OpenPose	control_v11p_sd15_openpose	openpose openpose_face openpose_faceonly openpose_full openpose_hand	人物控制，提取人物骨骼姿势
Reference	无	reference_adain reference_adain+attn reference_only	改变风格，锁定外形特征

（续表）

控制类型名称	对应模型	预处理模型	模型描述
Scribble	control_v11p_sd15_scribble	scribble_hed scribble_pidinet scribble_xdog	涂鸦风格提取
Seg	control_v11p_sd15_seg	seg_ofade20k seg_ofcoco seg_ufade20k	语义分割控制图像
Shuffle	control_v11e_sd15_shuffle	shuffle	卡牌模式，随机出图
SoftEdge	control_v11p_sd15_softedge	softedge_hed softedge_hedsafe softedge_pidinet softedge_pidisafe	软边缘检测
T2IA	pytorch_model	t2ia_color_grid t2ia_sketch_pidi t2ia_style_clipvision	第三方风格化模型
Tile	control_v11f1e_sd15_tile	tile_colorfix tile_colorfix+sharp tile_resample	增加细节
IP2P	control_v11e_sd15_ip2p	None	主体不变，改变形式

6.2.1 Canny（硬边缘）

Canny（硬边缘）用边缘检测器检测图像轮廓，并生成相应的轮廓线，这些轮廓线可以用来控制提示词生成的图像。Canny 模型是边缘检测类型中非常成熟的一种，使用率较高。下面通过一个具体的案例来使用 Canny。

步骤01 使用文生图生成一幅海盗船图像。

正向提示词：(dark shot:1.4), 80mm, pirates on a ghost ship with the Jolly Roger flag in the ocean, volumetric lighting, fantasy art overwatch and heartstone video game icon, a detailed matte painting, by RHADS, cgsociety, matte painting, artstation hq, Octane render, 8K, by makoto shinkai and Beeple Jorge Jacinto, Tyler Edlin, philipsue on artstation, soft light, sharp, exposure blend, medium shot, bokeh, (hdr:1.4), high contrast, (cinematic, teal and orange:0.85), (muted colors, dim colors, smoothing tones:1.3), low saturation, (hyperdetailed:1.2), (noir:0.4), (intricate details:1.12), hdr, (intricate details, hyperdetailed:1.15), (natural skin texture, hyperrealism, soft light, sharp:1.2).

对应的含义:(暗镜头 :1.4),80 毫米,海洋上的幽灵船上有海盗与 Jolly Roger 旗帜,体积感光线效果,奇幻艺术《守望先锋》和《炉石传说》视频游戏图标,详细的想象场景绘画,由 RHADS, CGSociety,想象场景绘画,Artstation 品质,Octane 渲染,8K,由新海诚和 Beeple Jorge Jacinto、Tyler Edlin、Artstation 上的 PhilipSue,柔光,锐利,曝光混合,中景拍摄,背景虚化,(hdr:1.4),高对比度,(电影风格,青色和橙色 :0.85),(柔和色彩,暗淡颜色,舒缓色调 :1.3),低饱和度,(超细节 :1.2),(黑色电影风格 :0.4),(精细细节 :1.12),hdr,(精细细节,超细节 :1.15),(自然肤色质感,超写实,柔光,锐利 :1.2)。

 注意 matt paining(想象场景绘画)指用绘画手段创造影片中所需但实地搭建过于昂贵或很难拍摄到的景观、场景或远环境。

反向提示词: paintings, cartoon, (worst quality:1.8), (low quality:1.8), (normal quality:1.8), dot, username, watermark, signature。

对应的含义: 绘画,卡通,(最差画质 :1.8),(低画质 :1.8),(普通画质 :1.8),点,用户名,水印,签名。

选用的主模型为 ReV Animated,生成图像的分辨率设置为 768×512 像素。以文生图来生成图像,结果如图 6-12 所示。

图 6-12 以文生图生成的海盗船基础图像

步骤02 打开 ControlNet 面板,把这幅图像拖入 ControlNet 图像框,勾选"启用"选项,"控制类型"选择 Canny,预处理器和模型会自动会选择 Canny。如果版本不同,就手动选择 Canny 预处理器和 canny 模型,两个选项必须统一。

步骤 03 把正向提示词更改为：sailing, running on the sea, seagulls, sunshine, white clouds, high quality, high resolution。对应的含义：航海，海上航行，海鸥，阳光，白云，高画质，高分辨率。

步骤 04 单击"生成"按钮，生成的图像如图 6-13 所示。

图 6-13 使用 Canny 模型生成的图像

这幅图像与之前的图像具有惊人的相似之处，但船的外形、颜色、天气等方面发生了很大的变化，那么这是如何形成的呢？原来在生成图像的同时，ControlNet 还生成了一幅预处理的边缘结构图，如图 6-14 所示。

图 6-14 生成的预处理图像

Stable Diffusion 就用这幅边缘图控制提示词生成图像。控制权重越大,控制力越强。我们把控制权重更改为 0.5,它的控制力就会变弱,但图像总体的结构还是类似,生成的图像如图 6-15 所示。

图 6-15 降低模型权重再生成的图像

接下来勾选"允许预览"选项,再单击 ▨ (预览)按钮,随后在图像面板中就会显示预处理图像,如图 6-16 所示。

图 6-16 在图像面板中显示出预处理图像

6.2.2 Depth (深度)

该控件可以很好地捕捉图像中的复杂三维结构层次。它会从用户提供的参考图中提取深度图,浅色表示较近距离,深色表示较远距离。这对于处理空间关系非常有用。

步骤 01 在 ControlNet 中导入了一幅已经在 Photoshop 中完成的图像。这幅图像由白色三角形、灰色圆形和深灰色方形组成。勾选"启用"和"允许预览"选项,"控制类型"选择深度(Depth),"预处理器"选择"depth_leres++",如图 6-17 所示。在预处理器选项中,leres++ 细节最丰富。下面我们可以查看一下效果。

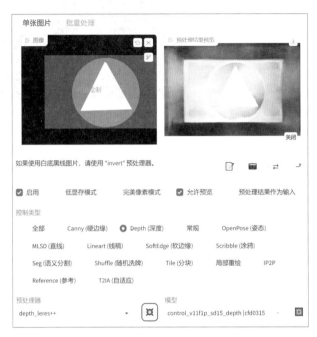

图 6-17 控制类型"深度"的设置

步骤 02 在提示词中输入 wood,就会形成如图 6-18 所示的木纹效果。

图 6-18 木纹效果

步骤 03 若提示词中输入 metal，则形成如图 6-19 所示的金属效果。

图 6-19 金属效果

步骤 04 尝试输入复杂的传统纹理的相关提示词。

正向提示词：traditional Chinese texture, golden edge, peony, phoenix, jade, wallpaper, HD, high resolution, 8K, photos。

对应的含义：中国传统纹理，金色镶边，牡丹，凤凰，玉石，壁纸，高清，高分辨率，8K，照片。

反向提示词：paintings, cartoon, (worst quality:1.8), (low quality:1.8), (normal quality:1.8), dot, username, watermark, signature。

对应的含义：绘画，卡通，(最差画质：1.8),(低画质：1.8),(普通画质：1.8)，点，用户名，水印，签名。

以文生图生成的图像如图 6-20 所示。

图 6-20 传统纹理效果

我们再制作一个场景。选用的主模型为 ReV Animated，生成图像的分辨率设置为 768×512 像素。

正向提示词：traditional Chinese architecture, long corridor, photos, wallpaper, HD, high resolution, 8K, photos。

对应的含义：中国传统建筑，长廊，照片，壁纸，高清，高分辨率，8K，照片。

反向提示词同前面的示例。生成的图像具有强烈的立体感，如图 6-21 所示。

图 6-21 具有强烈立体感的深度场景图

深度有 4 个模式，它们各自的预览图和效果分别如下所示。

（1）depth_leres 预处理器的效果如图 6-22 所示。

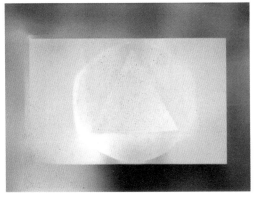 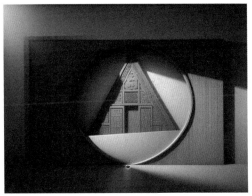

图 6-22 depth_leres 模式下的效果图

（2）depth_leres++ 预处理器的效果如图 6-23 所示。

图 6-23 depth_leres++ 模式下的效果图

（3）depth_midas 预处理器的效果如图 6-24 所示。

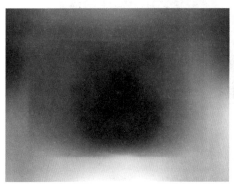

图 6-24 depth_midas 模式下的效果图

（4）depth_zoe 预处理器的效果如图 6-25 所示。

图 6-25 depth_zoe 模式下的效果图

6.2.3 局部重绘

Inpaint 用于对图像进行局部重绘，它与图生图的局部重绘功能有点类似。

本节我们生成一幅穿西服的男士图像。

步骤 01 使用文生图生成图像。

正向提示词：1 man, suit, office。

对应的含义：一个男人，西服，办公室。

反向提示词：(worst quality:1.8), (low quality:1.8), (normal quality:1.8)。

对应的含义：（最差画质：1.8），（低画质：1.8），（普通画质：1.8）。

主模型采用 ReV Animated，生成图像的分辨率设置为 768×512 像素。文生图生成图像的效果如图 6-26 所示。

图 6-26 以文生图生成的图像

步骤 02 把该图像拖入 ControlNet 图像窗口，勾选"启用"选项，"控制类型"选择"局部重绘"，然后把衣服涂黑形成遮罩，如图 6-27 所示。

步骤 03 局部重绘默认会选择 inpaint_only 预处理器，我们把提示词更改为 Men's jacket（男式夹克），也就是把西服改成夹克。生成一下图像，会生成预处理图像和最终图像，如图 6-28 所示。

单张图片　　批量处理

图 6-27　把衣服涂黑形成遮罩

图 6-28　选用 inpaint_only 预处理器生成的预处理图像和最终图像

步骤 04　把预处理器改为 inpaint_global_harmonious，这个预处理器的影响范围会大一些。生
成的预处理图像和最终图像如图 6-29 所示。

图 6-29　选用 inpaint_global_harmonious 预处理器生成的预处理图像和最终图像

6.2.4 Lineart（线稿）

Lineart（线稿）用于控制边缘，能够把图像的轮廓提取出来，常用于线框图的填色，该预处理器提取的线条比较准确。

步骤 01 把一幅线框图像导入 ControlNet 控件，这是一幅手绘的卡通图像，勾选"启用"选项，"控制类型"选择 Lineart。主模型使用 ReV Animated。预览效果图如图 6-30 所示。

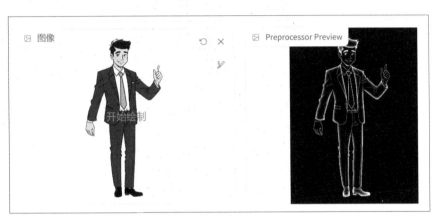

图 6-30 使用预处理器的预览效果图

步骤 02 输入相关提示词。

正向提示词： a man in a suit, smile, young, 3D。

对应的含义： 一个穿西服的男人，微笑，年轻，3D。

反向提示词： (worst quality:1.8),(low quality:1.8),(normal quality:1.8)。

对应的含义：（最差画质：1.8），（低画质：1.8），（普通画质：1.8）。

以文生图来生成图像，结果如图 6-31 所示。

图 6-31 以文生图生成的 3D 基础图像

步骤 03 Lineart 有 5 个预处理器，我们比较使用不同的预处理器生成的图像。在提示词中加上背景描述，提示词更改为：a man in a suit, smile, young, 3D, office, windows, tree。对应的含义：一个穿西服的男人，微笑，年轻，3D，办公室，窗口，树。

（1）使用 lineart_anime 预处理器生成的图像，如图 6-32 所示。

图 6-32 使用 lineart_anime 预处理器生成的图像

（2）使用 lineart_anime_denoise 预处理器生成的图像，如图 6-33 所示。

图 6-33 使用 lineart_anime_denoise 预处理器生成的图像

（3）使用 lineart_coarse 预处理器生成的图像，如图 6-34 所示。

图 6-34 使用 lineart_coarse 预处理器生成的图像

（4）使用 lineart_realistic 预处理器生成的图像，如图 6-35 所示。

图 6-35 使用 lineart_realistic 预处理器生成的图像

（5）使用 lineart_standard (from white bg & black line) 预处理器生成的图像，如图 6-36 所示。

图 6-36 使用 lineart_standard (from white bg & black line) 预处理器生成的图像

6.2.5 MLSD (直线)

MLSD 检测直线线条结构，常用于建筑建筑物线段识别或室内设计。我们下面用它来生成一个室内设计效果。

步骤01 以文生图来生成图像。

正向提示词： best quality, professional photography, masterpiece, interior, sofa, floor, (minimalism:1.5), full view。

对应的含义： 最佳画质，专业摄影，杰作，室内，沙发，地板，(极简主义 :1.5)，全景视图。

反向提示词： worst quality, low quality, lowres, error, cropped, jpeg artifacts, out of frame, watermark, signature。

对应的含义： 最差画质，低画质，低分辨率，错误，裁剪，JPEG 伪像，超出画面范围，水印，签名。

采用的主模型为 ReV Animated，生成图像的分辨率设置为 768×512 像素，采样方法设置为 DPM++ 2M Karras。

以文生图来生成图像，结果如图 6-37 所示。

图 6-37 以文生图生成的室内设计基础图像

步骤 02 把图像拖入 ControlNet 图像窗口，勾选"启用"和"允许预览"选项，"控制类型"选择 MLSD，单击 ¤（预览）按钮，预览效果图如图 6-38 所示。

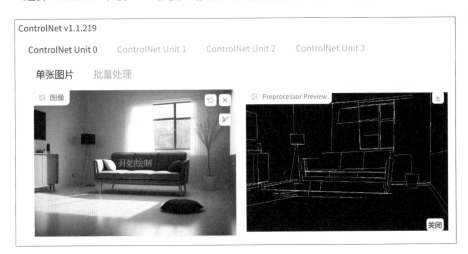

图 6-38 使用预处理器得到的预览效果图

MLSD 会以线段的方式把结构勾勒出来。

步骤 03 把提示词中的 minimalism（极简主义）更改为 baroque（巴洛克主义）。

正向提示词：best quality, professional photography, masterpiece, interior, sofa, floor, (baroque:1.5), full view。

对应的含义：最佳画质，专业摄影，杰作，室内，沙发，地板，(巴洛克主义：1.5)，全景视图。

步骤 04 重新生成一下图像，结果如图 6-39 所示。

图 6-39 改变风格的图像

图像整体结构保持不变，然而室内设计的风格发生了较大变化，其中直线部分将得到精准控制，而曲线部分将由 Stable Diffusion 绘画自由发挥。

6.2.6 Normal（常规）

Normal（常规）法线类型可以产生凹凸效果，从而增加细节并形成三维立体感。

本节制作一个牡丹花纹理的文字。

步骤 01 输入相关提示词。

正向提示词：traditional Chinese texture, peony, gold rim, silver spots。

对应的含义：中国传统文理，牡丹花，金边，银斑点。

反向提示词：(worst quality:1.8), (low quality:1.8), (normal quality:1.8)。

对应的含义：(最差画质 : 1.8)，(低画质 : 1.8)，(普通画质 : 1.8)。

选用的主模型为 ReV Animated，生成图像的分辨率设置为 768×512 像素，采样方法设置为 DPM++ 2M Karras。

步骤 02 在 ControlNet 图像框中输入我们在 Photoshop 中完成的黑白图像，这个图像的分辨率是 768×512 像素，是黑白的文字 "Normal"。

步骤03 勾选"启用"和"允许预览"选项,"控制类型"选择"常规",单击 ☒(预览)按钮,预览效果如图 6-40 所示。

图 6-40 参数设置与预处理器的选择

步骤04 我们重新生成一下图像,得到的结果如图 6-41 所示,Normal 能够产生明显的凹凸纹理。

图 6-41 选用 Normal 控制类型后生成的图像

在生成上面的图像时我们使用的预处理器是 normal_bae,若切换到另外一个预处理器 normal_midas,效果是不一样的,预览效果如图 6-42 所示。

图 6-42 选用 normal_midas 预处理器后生成的预览效果图

从图中可以明显看出细节和层次更加丰富，最后的结果如图 6-43 所示。

图 6-43 选用 normal_midas 预处理器后生成的图像

6.2.7 OpenPose（姿态）

OpenPose 用于对人物进行骨骼绑定，不仅能够控制单个人物的动作、手势和表情，还能够模拟多人的姿势。

1）单人控制

我们可以输入一幅姿势图像（推荐使用真人图像）作为 AI 绘画的参考图，然后输入提示词后，AI 就可以根据参考人物生成一幅相同姿势的图像。

步骤 01 在 ControlNet 中导入一个动漫人物，勾选"启用"和"允许预览"选项，"控制类型"选择 OpenPose，"预处理器"选择 openpose_full，这个预处理器可以处理人物的姿势、手势和表情，它的面板如图 6-44 所示。

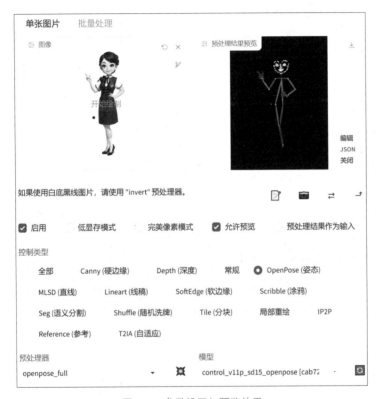

图 6-44 参数设置与预览效果

步骤 02 输入相关提示词。

正向提示词：8K, extremely detailed, CG, (realistic, photo-realistic:1.37), best quality, (1 Robot, Chinese), ground, Martian surface。

对应的含义：8K，画面极为精细，CG，(逼真，照片级逼真：1.37)，最佳画质，(1 个机器人，中国人)，地面，火星表面。

反向提示词：(worst quality:1.8), (low quality:1.8), (normal quality:1.8)。

对应的含义：(最差画质：1.8)，（ 低画质：1.8），（ 普通画质：1.8)。

步骤 03 主模型不变，把生成的图像的分辨率设置为 512×768 像素。重新生成一下图像，图中机器人的动作和手势基本上都保持一致了，如图 6-45 所示。

图 6-45 控制动作姿势——机器人的动作和手势基本上都保持一致

OpenPose 有多个预处理器，其中 openpose_face 能控制人物的面部表情，将提示词改成卡通风格，生成的示例图像如图 6-46 所示。

图 6-46 通过 openpose_face 预处理器控制人物的面部表情

openpose_hand 预处理器用于控制手部的动作，生成的示例图像如图 6-47 所示。

图 6-47 通过 openpose_hand 预处理器控制手部动作

2）多人控制

OpenPose 预处理器能够控制多人的姿态。在 Civitai 网站，有一些 Pose 文件可以下载。图 6-48 是群体像的姿态控制文件。

图 6-48 Civitai 网站的 GroupPose 预处理器用于控制多人的姿态

下面我们来制作 5 个人的图像。

步骤 01 在 ControlNet 中输入图像，勾选"启用"选项，"控制类型"选择 OpenPose，单击 ¤ （预览）按钮，预览效果图如图 6-49 所示。

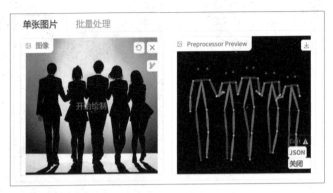

图 6-49 使用 OpenPose 预处理器的预览效果图

步骤 02 输入相关提示词。

正向提示词：five little girls, turn your back on the audience, watch the sunrise, the ocean。

对应的含义：五个小女孩，背对着观众，看日出，看大海。

反向提示词：(worst quality, low quality, lowres:1.3)。

对应的含义：(最差画质，低画质，低分辨率：1.3)。

步骤 03 主模型选择：CounterfeitV30，这是一个二次元模型。

生成的示例图像如图 6-50 所示。

图 6-50 通过 OpenPose 预处理器控制生成的多人姿态图像

从生成的图像可知，图像中各个人物的姿态基本保持一致。

6.2.8 Reference（参考）

Reference（参考）依据参考图，在外形长相基本不变的前提下，根据提示词快速转换主体，类似于 LoRA 微调模型的锁定角色。

步骤01 首先使用文生图来生成一个自己喜欢的形象。

正向提示词：photo, realistic, a beautiful Miss Chinese, hanfu, Chinese traditional texture, Blurred background, mottled light and shadow, depth of field, warm light, wide angle view。

对应的含义：照片，逼真，一位美丽的中国小姐，汉服，中国传统纹理，模糊的背景，斑驳的光影，景深，暖光，广角视角。

反向提示词：paintings, cartoon, (worst quality:1.8), (low quality:1.8), (normal quality:1.8), dot, username, watermark, signature, ((nsfw))。

对应的含义：绘画，卡通，（最差画质：1.8），（低画质：1.8），（普通画质：1.8），点，用户名，水印，签名，((不适宜工作环境))。

选用的主模型为 ChilloutMix，生成图像的分辨率设置为 768×512 像素，勾选"面部修复"选项。

以文生图来生成图像，结果如图 6-51 所示。

图 6-51 以文生图生成的人物基础图像

步骤02 打开 ControlNet 面板，把图像拖入图像框，"控制类型"选择 Reference（参考），而后生成 4 幅新的图像，女生的外貌基本保持一致，如图 6-52 所示。

图 6-52 使用 Reference 预处理器生成的多幅人物图像

6.2.9 Scribble（涂鸦）

Scribble（涂鸦）适合给草图上色，通过草图生成图像。可以先画一张草图，让 AI 识别，如图 6-53 所示。

图 6-53 草图

步骤 01 输入相关提示词。

正向提示词：a rabbit, eating carrots, grass, morning。

对应的含义：一只兔子，吃着胡萝卜，草地，早晨。

反向提示词：(worst quality:1.3), (low quality:1.3), (lowres:1.3)。

对应的含义：（最差画质：1.3），（低画质：1.3），（低分辨率：1.3）。

选用的主模型为 ReV Animated，生成图像的分辨率设置为 768×768 像素，采样方法设置为 DPM++ 2M Karras。

以文生图来生成图像，结果如图 6-54 所示。

图 6-54 以文生图生成的兔子基础图像

步骤 02 打开 ControlNet 面板，导入草图，勾选"启动"和"允许预览"选项，"控制类型"选择 Scribble（涂鸦）。

步骤 03 单击 ☒ （预览）按钮，预览效果如图 6-55 所示。

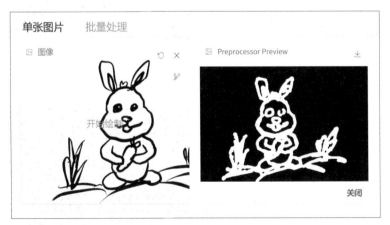

图 6-55 使用预处理器生成的预览效果图

Scribble 有 3 个预处理器，各预处理器的效果分别如下所示。

（1）选择 scribble_pidine 预处理器生成图像，结果如图 6-56 所示。

图 6-56 使用 scribble_pidinet 预处理器后生成的图像

（2）选择 scribble_hed 预处理器生成图像，结果如图 6-57 所示。

图 6-57 使用 scribble_hed 预处理器后生成的图像

（3）选择 scribble_xdog 预处理器生成图像，结果如图 6-58 所示。

图 6-58 使用 scribble_xdog 预处理器后生成的图像

6.2.10 Seg（语义分割）

Seg 以语义分割的方式对图像进行控制，可以通过颜色对照表准确控制物体，广泛应用于室内设计中。

步骤 01 首先制作一幅卧室的图像。

正向提示词：8K, CG, super detailed, hyper realistic, bedroom, curtains, dappled with light。

对应的含义：8K，CG，超细节，超写实，卧室，窗帘，光线斑驳。

反向提示词：(worst quality:1.5), (low quality:1.5), (normal quality:1.5), lowres, humans。

对应的含义：（最差画质：1.5），（低画质：1.5），（普通画质：1.5），低分辨率，人类。

模型采用 ReV Animated，分辨率设置为 768×512 像素，采样方法设置为 DPM++ 2M Karras。

以文生图的方式生成的图像如图 6-59 所示。

图 6-59 以文生图生成的卧室图像

步骤 02 打开 ControlNet 面板，拖入刚生成的图像，勾选"启用"和"允许预览"选项，"控制类型"选择 Seg，单击 ¤ （预览）按钮预览一下效果，Seg 会自动给每一个物件标识不同的颜色，如图 6-60 所示。

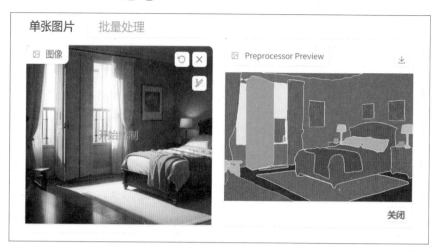

图 6-60 使用预处理器后生成的预览效果图

步骤 03 我们把提示词加上赛博朋克的描述。

正向提示词：8K, CG, super detailed, hyper realistic, bedroom, Cyberpunk, future, the universe, technology, city, neon, curtains, dappled with light。

对应的含义：8K，CG，超细节，超写实，卧室，赛博朋克，未来，宇宙，科技，城市，霓虹灯，窗帘，光线斑驳。

生成的图像如图 6-61 所示，虽然纹理材质有很大变化，但两幅图的结构保持高度一致。

图 6-61 具有赛博朋克科幻风格的房间

6.2.11 Shuffle（随机洗牌）

Shuffle（随机洗牌）把图像搅拌成流体，再根据该流体生成新的图像，图像的外观会随机变化，但风格保持统一。

本节制作一棵光子树，以学习 Shuffle 的功能。

光子树的特征：由无数条光线组成，光线沿着树干缠绕生长，叶子由光粒子组成，发出耀眼的光芒。

步骤 01 以文生图的形式生成一棵光子树。

正向提示词：8K, CG, super detailed, hyper realistic,1 tree made of light, countless beams, covered with glowing particles, glowing lines, long, random, twisted, extended, particle sky, (luminous:1.2),panorama, wide angle。

对应的含义：8K，CG，超细节，超写实，由光线构成的一棵树，无数光束，覆盖着发光粒子，闪烁的线条，长的，随机的，扭曲的，延伸的，粒子天空，(发光:1.2)，全景，广角。

反向提示词：(worst quality:1.5), (low quality:1.5), (normal quality:1.5), lowres, ((monochrome)), ((grayscale)) ,watermark。

对应的含义：(最差画质 : 1.5)，(低画质 : 1.5)，(普通画质 : 1.5)，低分辨率，((单色)),((灰度))，水印。

主模型选用 ReV Animated，生成图像的分辨率设置为 768×512 像素，采样方法设置为 DPM++ 2M Karras。

以文生图来生成图像，结果如图 6-62 所示。

光子树的随机性特别强，每棵光子树都具有不同的风格。我们使用上述图像，通过 ControlNet 控制类型来限定树的统一风格，但仍然需要在外形上保持较大的随机性。

图 6-62 以文生图生成的光子树基础图像

步骤 02　打开 ControlNet 面板，将图像拖入其中，勾选"启用"和"允许预览"选项，"控制类型"选择 Shuffle，单击 ☒ （预览）按钮预览一下效果，可以看到生成了一幅扭曲的预览图像，如图 6-63 所示。

图 6-63　预览效果图

步骤 03　把生成图的总批次数设置为 4，同时生成 4 幅图像。这 4 幅图像外形变化明显，但整体的风格保持一致，如图6-64所示。

图 6-64　一次生成 4 幅图，整体风格保持一致

6.2.12　SoftEdge（软边缘）

SoftEdge（软边缘）提取的边缘比较柔和。它比 Canny（硬边缘）自由发挥程度更高，相当于 1.0 版本的 hed。

下面我们以绘制中国龙为案例来学习 SoftEdge 的功能。

步骤 01　以文生图的形式生成一幅中国龙图像。

正向提示词：CG, (highly detailed RAW color Photo:1.2, ultra high res), (masterpiece), mythology theme, solo, (1 Chinese dragon, solo, flying, golden), (Traditional Chinese Architecture with fire), Chinese pavilion, explosive, dark clouds, lightning, (fire and ash falling:1.35), trending on CGSociety, fantasy culture。

对应的含义：CG,（画面精细的 RAW 彩色照片：1.2,超高分辨率),（杰作),神话主题,独自,（1 只中国龙,独自,飞行,金色),（中国传统建筑与火焰),中国亭台楼阁,爆炸,乌云,闪电,（火与灰:1.35), CGSociety 热门,奇幻文化。

反向提示词：(wings:1.2), (worst quality:1.2), (low quality:1.2), (lowres:1.1), (monochrome:1.1), (greyscale), (wing), (worst quality:1.2), (low quality:1.2), (monochrome:1.1), (greyscale), blurry, deformed, bad anatomy, disfigured, poorly drawn face, mutation。

对应的含义：（翅膀：1.2),（最差画质：1.2),（低画质：1.2),（低分辨率：1.1),（单色：1.1),（灰度),模糊,变形,不准确的生理结构,畸形,画得不好的脸,突变)。

对于中国龙的描述,有以下 4 点注意事项：

（1）为了呈现出更好的中国龙形象,笔者查阅了许多关于龙的描述,如虎鼻、豹眼、马脸、牛耳、鹿角、鹰爪、蛇身、鱼鳞、鱼须等；还调整了身体的卷曲度和鳞片等细节。在测试过程中,笔者发现过多的提示词会导致混乱,简单的"一条中国龙"的提示词反而更有效。因此,提示词有时要注意避免画蛇添足的问题,也就是简单一点,反而效果更好。

（2）在提示词中适当增加神话主题、幻想等词,能营造比较好的氛围。

（3）适当增加闪电、乌云、中国建筑等词,让场景更丰富。

（4）在反向提示词中,注意把翅膀加进去,因为西方的龙是有翅膀的,而中国龙不需要翅膀。在反向提示词加入翅膀,就是不需要翅膀。

主模型选用 ReV Animated,生成图像的分辨率设置为 768×512 像素,采样方法设置为 DPM++ 2M Karras。生成一下图像,结果如图 6-65 所示。

图 6-65 以文生图生成的龙的图像

在绘制龙的过程中，出错率非常高，常常出现多头、多腿、变形扭曲等，因此需要多生成一些图像以便我们挑选。

步骤 02 为了有更好的效果，需要下载 LoRA 龙的模型，如图 6-66 所示。

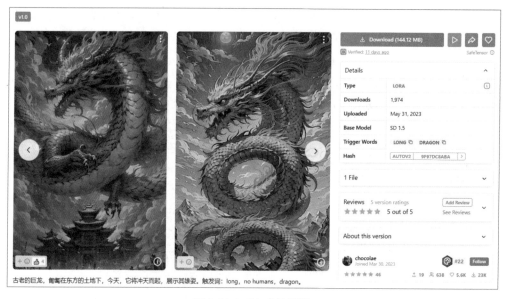

图 6-66 LoRA 龙的模型

步骤 03 在 LoRA 中启用插件，选择龙的 LoRA 模型，如图 6-67 所示。

图 6-67 在 LoRA 中启用龙的模型

下面用 ControlNet 来控制龙的形态。

步骤 04 打开 ControlNet 面板，上传一幅龙的素材图，这幅素材图来自 Pinterest 网站。勾选"启用"和"允许预览"选项，"控制类型"选择 SoftEdge，预处理器会自动选择 softedge_pidinet，单击 ¤ （预览）按钮预览一下效果，如图 6-68 所示。

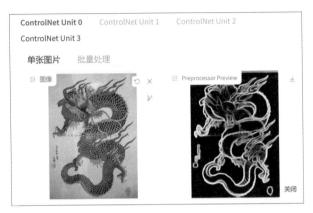

图 6-68 使用 softedge_pidinet 预处理器后的效果

步骤 05 生成一下图像，结果如图 6-69 所示。

图 6-69 画面中的龙不完整

从图 6-69 中可以看到画幅不完整，图像被切割了。针对这种情况，我们可以在"缩放模式"选项卡中选择 Resize and Fill（缩放后填充空白）填充方式，这种填充效果，能够对画幅外的空白内容进行智能扩展和填充，而后得到的新图像如图 6-70 所示。

图 6-70 选择"缩放后填充空白"生成具有完整的龙的图像

下面测试不同的预处理器效果。

（1）把预处理器更换为 softedge_hed，再生成一下图像，结果如图 6-71 所示。

图 6-71 使用 softedge_hed 预处理器后生成的龙图像

（2）把预处理器更换为 softedge_hedsafe，再生成一下图像，结果如图 6-72 所示。

图 6-72 使用 softedge_hedsafe 预处理器后生成的龙图像

（3）把预处理器更换为 softedge_pidisafe，再生成一个图像，结果如图 6-73 所示。

图 6-73 使用 softedge_pidisafe 预处理器后生成的龙图像

6.2.13 T2IA（自适应）

T2IA（自适应）模型是第三方模型，主要的优势是模型小巧，占用空间很小。

我们下面制作一个机甲战士来测试 T2ia 的功能。

步骤 01 以文生图来生成机甲战士图像。

正向提示词：8K, extremely detailed, CG, unity, wallpaper, (realistic, photo-realistic:1.37), amazing, finely detail, masterpiece, best quality, (1 robot, male, chinese, silver halmet), mechanics, Cyberpunk, future, ((the vast waters, the outer planets)), [the universe, technology, city, neon, billboard], full body。

对应的含义：8K, 画面极其精细, CG, 统一, 壁纸,（逼真, 照片级逼真 :1.37）, 惊人的, 精细的细节, 杰作, 最佳画质,（1 个机器人, 男性, 中国人, 银头盔）, 机械, 赛博朋克, 未来, ((辽阔的水域, 外太空行星))，[宇宙, 科技, 城市, 霓虹灯, 广告牌], 全身。

反向提示词：illustration, sepia, painting, cartoons, sketch, (worst quality:2), (low quality:2), (normal quality:2), lowres。

对应的含义：插图, 棕褐色, 绘画, 卡通, 素描,（最差画质 : 2）,（低画质 : 2）,（普通画质 : 2）, 低分辨率。

模型采用 ReV Animated，分辨率设置为 768×512 像素，采样方法设置为 DPM++ 2M Karras。

以文生图来生成图像，结果如图 6-74 所示。

图 6-74 以文生图生成的机器人基础图像

步骤 02 打开 ControlNet 面板，把一幅素材图像拖入 ControlNet 图像框，这幅素材图来自 Pinterest 网站。勾选"启用"和"允许预览"选项，"控制类型"选择 T2IA，"预处理器"选择 t2ia_sketch_pidi，"模型"选择 t2iadapter_sketch_sd15v2，单击 ¤ （预览）按钮进行预览，结果如图 6-75 所示。t2ia_sketch_pidi 把图像中的结构线进行了提炼。

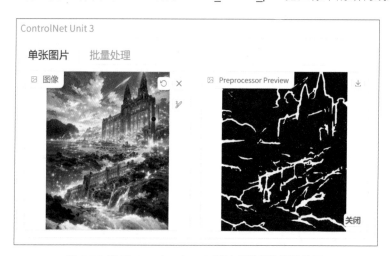

图 6-75 选用 t2ia_sketch_pidi 预处理器后的预览效果

注意 在 ControlNet 模型文件夹 Stable-Diffusion-webui\extensions\sd-webui-controlnet\models 中，T2IA 模型 safetensors 和对应的 yaml 文件的文件名需要保持相同，否则模型不起作用。

步骤 03 生成一下图像，结果如图 6-76 所示，从中可以看到 t2ia_sketch_pidi 会影响机甲图像的构图。

图 6-76 选用 t2ia_sketch_pidi 预处理器后生成的图像

把预处理器更改为 t2ia_style_clipvision，它是一种风格转移，是老版本 style 模型的升级；模型选择 t2iadapter_style_sd14v1，预览一下效果，如图 6-77 所示。

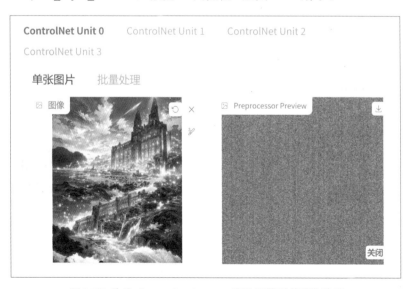

图 6-77 选用 t2ia_style_clipvision 预处理器后的预览效果

生成一下图像，机甲图受到素材图的影响，变成了景观图像，如图 6-78 所示。

图 6-78 选用 t2ia_style_clipvision 预处理器后生成的图像

把预处理器更改为 t2ia_color_grid，模型更改为 t2iadapter_color_sd14v1，预览一下效果，如图 6-79 所示。

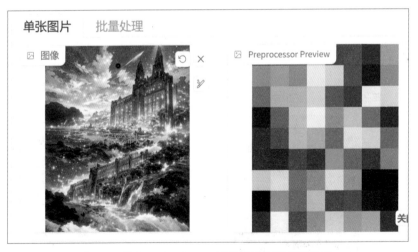

图 6-79 选用 t2ia_color_grid 预处理器后的预览效果

Color 表示色彩继承，色彩预处理后会检测出原图中色彩的分布情况，分辨率影响色彩块的大小。生成图像时，颜色会受到较大的影响，结果如图 6-80 所示。

图 6-80 选用 t2ia_color_grid 预处理器后生成的图像

6.2.14 Tile（分块）

Tile（分块）用于给画面增加细节，常用于放大图像分辨率。

本节使用 Tile 生成一幅古老教室的图像。

步骤01 以文生图的形式生成一幅古老教室的图像。

正向提示词：traditional Chinese architecture, classroom, old, traditional texture, colorful, beautiful, photos, wallpaper, (UHD, high resolution, best quality, 8K:1.3)。

对应的含义：中国传统建筑，教室，古老，传统纹理，色彩丰富，美丽，照片，壁纸，(超高清，高分辨率，最佳画质，8K:1.3)。

反向提示词：paintings, cartoon, (worst quality:1.8), (low quality:1.8), (normal quality:1.8), dot, username, watermark, signature。

对应的含义：绘画，卡通，(最差画质：1.8)，(低画质：1.8)，(普通画质：1.8)，点，用户名，水印，签名。

模型采用 ReV Animated，分辨率设置为 768×512 像素，采样方法设置为 DPM++ 2M Karras。

以文生图来生成图像，结果如图 6-81 所示。

图 6-81 以文生图生成的教室基础图像

步骤 02 打开 ControlNet 面板，把刚生成的图像拖入 ControlNet 图像框，勾选"启用"和"允许预览"选项，"控制类型"选择 Tile，单击 ¤（预览）按钮预览一下效果，如图 6-82 所示。

图 6-82 选用 Tile 预处理器后的预览效果

步骤 03 勾选文生图中的"高分辨率修复"，会弹出放大图像的参数，我们把放大算法改成"R-ESRGAN 4x+"，放大倍数设置为 2 倍，其他参数不变，重新生成一下图像，结果如图 6-83 所示。生成图像的分辨率提高到 1536×1024 像素，增加了很多细节。

图 6-83 放大教室画面后增加了细节

6.2.15 IP2P

IP2P 用于根据提示词，在不改变主体结构前提下，让画面产生对应的变化。

本节使用 IP2P 生成一幅中国传统建筑远景图像。

步骤 01 以文生图的形式生成一幅中国传统建筑远景图像。

正向提示词：traditional Chinese architecture, photos, wallpaper, HD, high resolution, 8K, distant view。

对应的含义：中国传统建筑，照片，壁纸，高清，高分辨率，8K，远景。

反向提示词：paintings, cartoon, (worst quality:1.8), (low quality:1.8), (normal quality:1.8), dot, username, watermark, signature。

对应的含义：绘画，卡通，(最差画质：1.8)，(低画质：1.8)，(普通画质：1.8)，点，用户名，水印，签名。

模型采用 ReV Animated，分辨率设置为 768×512 像素，采样方法设置为 DPM++ 2M Karras。

以文生图来生成图像，结果如图 6-84 所示。

步骤 02 打开 ControlNet 面板，把刚生成的图像拖入 ControlNet 图像框，勾选"启用"选项，"控制类型"选择 IP2P，该插件没有预处理器。

图 6-84 以文生图生成的中国传统建筑基础图像

步骤 03 把提示词更改为 Snow, winter（下雪，冬天）。重新生成一下图像，场景变成了雪天，如图 6-85 所示。

图 6-85 雪后的中国传统建筑

6.3 案例操作：ControlNet 组合应用

本节将通过 CG 将军和冰雪文字的案例来组合应用 ControlNet。

6.3.1 CG 将军案例

本案例是与 Photoshop 协同制作一个 CG 图像——将军横刀立马。通过本案例的制作来学习如何制作一幅完全由自己控制的图像。这个案例教程的大致思路是，先用 Photoshop 以拼图的形式把图像根据构思拼接好，然后用图生图并结合 ControlNet 来完成图像的生成和处理。

步骤 01 收集素材。这里推荐两个免费的图像网站：

https://pxhere.com/

https://www.pexels.com/zh-cn/

可以从这两个网站中下载所需的图像素材。

根据图像的元素找到矛、将军雕塑、长城、云彩等素材，如图 6-86 所示。

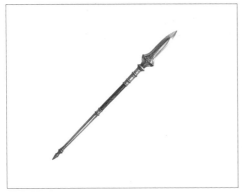

图 6-86 素材收集

步骤 02 打开 Photoshop 处理素材。首先处理背景，包括云彩、山峰、长城和火焰，然后勾勒出骑士轮廓和长矛并进行分层处理。

在拼接好素材后，可以使用画笔喷涂工具通过给几个图层上色将主体和背景分离。在这幅图像中，特别重要的是氛围和光影的处理。如果读者具备较好的艺术功底，AI 绘画会让读者如虎添翼。最终图像的效果如图 6-87 所示。

图 6-87 使用 Photoshop 处理完成的图像

步骤 03 用文生图生成将军横刀立马图像。

打开 Stable Diffusion，输入相关提示词（反向提示词是通用的）。

正向提示词：(painting: 1.3), (sketch: 1.3), full body photo, (extreme detail: 1.5), (solo)), (highest quality, Alessandro Casagrand, Greg Rutkowski, Sally Mann, concept art, 4K), (color), (high definition), (digital painting: 1.2), a Chinese general, handsome, 30 years old, riding a white horse, looking ahead, carrying a spear, heroic, wearing golden armor, golden casque, red cloak, red mask, (Great Wall), night, lightning, flame, heroism, epic, masterpiece, sense of ceremony, overall view。

对应的含义：（绘画 :1.3），（素描 :1.3），全身照片，（画面极度精细 :1.5），（独自)），（最高画质，亚历山德罗·卡萨兰德，格雷格·鲁特科夫斯基，萨利·曼，概念艺术，4K)，（彩色），（高清），（数字绘画 :1.2)，一位中国将军，英俊，30 岁，骑着一匹白马，向前瞭望，手持一杆长矛，英勇，身着金甲，金盔，红斗篷，红面具，（长城），夜晚，闪电，火焰，英雄主义，史诗，杰作，庄重感，全景。

反向提示词：(worst quality, low quality, lowres:1.3), error, cropped, jpeg artifacts, out of frame, watermark, signature。

对应的含义：（最差画质，低画质，低分辨率 :1.3)，错误，剪裁，JPEG 伪影，超出画面范围，水印，签名。

用"国风3"作为主模型,勾选"面部修复",生成图像的分辨率设置为1024×768像素,画幅越大,细节越丰富。把提示词引导系数改为10。重绘幅度参数可以大一些,让计算机放飞自我,这里把重绘幅度值改成0.85。用文生图生成图像,结果如图6-88所示。

图6-88 以文生图生成的中国古代将军的图像

步骤 04 打开ControlNet面板,把Photoshop完成的图像上传到面板,如图6-89所示。

图6-89 导入素材

步骤 05 勾选"启用"和"允许预览"选项,"控制类型"选择SoftEdge(软边缘),ControlNet 1.1版本的系统会自动选择预处理器和模型。SoftEdge是一种轮廓控制,边缘比Canny(硬边缘)更柔和。其他参数采用默认设置即可。SoftEdge的设置如图6-90所示。

图 6-90 SoftEdge 设置

步骤 06 以图生图来生成图像，结果如图 6-91 所示。我们可以看到图像的构图基本上是按照Photoshop 图像的构图生成的。

图 6-91 以图生图生成的图像

步骤 07 在使用多个控制类型时，最好不要把每一个控制类型的权重设置得太大。这里把权重设置为0.5，然后用多个控制类型进行控制。打 开 ControlNetUnit1，再次上传图像，如图 6-92 所示。

图 6-92 使用多层控制

步骤 08 选择 Canny 控制类型，它也是控制边缘检测的，不过更加精确。把它的权重设置为 0.6，
以图生图来生成图像，结果如图 6-93 所示。

图 6-93 选用 Canny 控制类型来生成图像

从图中可以看到，生成的图像的结构已经完全被素材图控制了。

步骤 09 打开 ControlNet Unit2，再次上传图像。"控制类型"设置为 Depth，Depth 的作用
是能够形成深度 Z 通道，通过生成一个黑白图像（白色距离近，黑色距离远）来产
生更好的立体效果。把 Depth 的权重改成 0.6，以图生图来生成图像，最终结果如
图 6-94 所示。

图 6-94 最终生成的图像

6.3.2 冰雪文字

本节制作第二个案例"冰雪"立体文字，继续学习控制器类型的组合使用技巧。案例效果如图6-95所示。

图6-95 案例效果

Stable Diffusion处理中文是比较弱的，因为它不"识中文"，生成的文字是一段乱码，它也不能把商业标志准确地表现出来。本案例的这个方法是处理文字和商标的一个技巧，通过本案例的学习就可以处理文字和商标了。本案例需要用ControlNet 1.1版本来完成。

本案例主要会应用到4个控制类型：深度（Depth）能够创建远近关系和厚度感；法线（Normal）产生复杂的纹理凹凸效果；IP2P通过提示词改变画面的风格，这是一个能够进行调色、改变环境、创新风格的好工具；Tile能补充一些画面的细节，让画面更精细。

具体操作步骤如下：

步骤 01 用Photoshop画出所需的黑白图像，画幅设置为768×512像素，黑底白字，如图6-96所示。

图6-96 用Photoshop画出的黑白图像

步骤 02 进入 Stable Diffusion 软件，输入提示词和选择模型。

正向提示词比较简单，输入 stone 即可。反向提示词为 (worst quality:1.3), (low quality:1.3), (lowres:1.3)，对应的含义为 (最差画质 : 1.3), (低画质 : 1.3), (低分辨率 : 1.3)。

主模型要选择一个综合性的模型，在本案例中选用的是 ReV Animated 主模型。

再把采样方法设置为 DPM++2M Karras。

步骤 03 把用 Photoshop 制作的图像输入 ControlNet 图像框。勾选"启用"和"允许预览"选项，"控制类型"选择 Depth（深度），ControlNet 1.1 版本系统会自动选择深度的预处理器模型，这里将预处理器更改为 depth_zoe，单击 ¤（预览）按钮，预览效果如图 6-97 所示，文字轮廓更清晰一些。这个案例要求文字清晰。

图 6-97 选用 depth_zoe 预处理器后的预览效果

以文生图来生成图像，结果如图 6-98 所示，图像具有一定空间感的效果。

图 6-98 以文生图生成具有空间感效果的图像

步骤 04 目前，文字表面纹理比较单调，因此打开第二个 ControlNet 选项卡（ControlNet Unit 1），勾选"启用"和"允许预览"选项，"控制类型"选择 Normal，它也会自动选择预处理器和模型。我们预览一下效果，它能形成表面凹凸纹理。将预处理器更改为 depth_midas，再预览一下，它的纹理更加丰富，如图 6-99 所示。

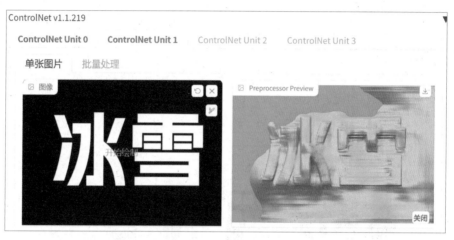

图 6-99 选用 depth_midas 预处理器后的预览效果

重新生成一下图像，结果如图 6-100 所示。

步骤 05 IP2P 需要更改提示词，因此它不能与其他控制类型组合应用，我们需要先把图像生成出来，再保存生成的图像。

关闭原有的两个控制类型 Depth 和 Normal，清空 ControlNet 图像框。在

图 6-100 组合预处理器后生成的图像

ControlNet 重新导入刚才保存的图像，"控制类型"选择 IP2P，IP2P 是没有预处理器的。清除正向提示词，并输入新的提示词：Snow, winter（雪，冬天）。

生成一下图像，结果如图 6-101 所示。

图 6-101 选中 IP2P 控制类型后生成的图像

若把提示词更改为 spring，则会得到具有春天效果的图像，如图 6-102 所示。

图 6-102 生成具有春天效果的图像

若把提示词更改为 summer，就会得到具有夏天效果的图像，如图 6-103 所示。

图 6-103 生成具有夏天效果的图像

若把提示词更改为 autumn，就会得到具有秋天效果的图像，如图6-104所示。

图 6-104　生成具有秋天效果的图像

若把提示词更改为 fire，文字就会出现着火的效果，如图6-105所示。

图 6-105　生成具有着火效果的图像

步骤06　最后，我们来放大图像，然后使用 Tile 增加细节。

（1）打开"图生图"选项卡，把图像拖入"图像框"，设置采样方法为 DPM++2M Karras，生成图像的分辨率设置为 768×512 像素。生成的图像如图6-106所示。

图 6-106　以图生图生成的图像

正向提示词：snow, winter。

对应的含义：雪，冬天。

反向提示词：(worst quality:1.3), (low quality:1.3), (lowres:1.3)。

对应的含义：(最差画质 :1.3), (低画质 : 1.3)，低分辨率。

（2）用脚本来放大图像，打开"脚本"下拉列表，选择"使用 SD 放大"选项，如图 6-107 所示。

图 6-107 Stable Diffusion 放大设置

（3）缩放比例保持初始设置值 3，采样方法选择 R-ESRGAN 4x+，如图 6-108 所示。

图 6-108 缩放参数

（4）放大分辨率会导致图像细节不足，因而我们打开 ControlNet，"控制类型"选择 Tile，把"预处理器"更改为 tile_colorfix+sharp，如图 6-109 所示。

图 6-109 参数设置

（5）生成图像，保存生成的图像后，在 Windows 浏览图片，放大到局部观察，我们能看到图片的清晰度有了较大的提升，并增加了一些细节，如图 6-110 所示。

（6）用鼠标右击文件，在弹出的快捷菜单中选择"属性"命令，在弹出窗口中选择"详细信息"选项卡，可以看到这幅图像的分辨率变更为 3072×2048 像素，如图 6-111 所示。

图 6-110 放大局部后依然保持了非常清晰的画面

图 6-111 放大效果

本案例既可以应用于生成文字特效图像，也可以应用于生成徽标（或标志）特效图像，读者可以举一反三进行练习实践。

🏁 6.4 思考与练习

思考题：

（1）ControlNet 的作用有哪些？

（2）15 个控制类型的基本用法有哪些？

练习题：生成图像"CG 将军"。

第**7**章

Chapter

Stable Diffusion 视频

本章概述：学习 AI 视频的各种常用的生成方法，掌握常用的视频插件使用技巧。

本章重点：

- 学习 AI 视频的工作流程
- 了解 AI 视频各种插件的优缺点

2023 年 3 月，一则可口可乐的广告片引起了广泛关注，该片巧妙地将 CG 技术与不同风格的元素融合在一个视频中，展现了令人惊叹的 AI 视频奇幻世界，如图 7-1 所示。

图 7-1 可乐的广告

通过观看制作花絮，我们可以发现这个短片的绝大部分镜头仍然是采用影视 CG 特效完成的，AI 只是起到了辅助的作用。然而，这也是 AI 在视频商业领域初露峥嵘，显示出了 AI 在商业应用中的巨大潜力。

同样的，在 2022 年的电影《瞬息全宇宙》中，我们也看到了 AI 在电影特效中的潜力。幕后技术公司 Runway 仅依靠一个由 5 个人组成的团队就完成了电影的特效镜头。Runway 公司本身是 Stable Diffusion 开发团队之一，他们发布了具备 AI 功能的视频编辑工具 Gen-2，让我们能够直接使用提示词生成"逼真的视频内容"。

Stable Diffusion 本身仅具备静态绘画的功能，视频效果需要借助第三方开发的软件或插件来完成。我们常用的工具包括口型动画 Sadtalker、风格转换 Deforum、补帧视频工具 EbSynth、文字生动画 SD-CN-Animation 以及 Runway 公司的 Gen-2 等。

▓ 7.1 图生图结合 ControlNet 风格迁移

我们可以用 Stable Diffusion 自带的图生图来制作视频，常用的方法是使用批处理功能完成序列帧的图像处理，需要和 ControlNet 的精确控制功能配合，使图像转换风格，产生新艺术风格的视频。本节通过一个案例来完成视频风格的转换。

本案例的视频素材来自学生毕业设计作品《玩出名堂》，该作品是由浙江传媒学院数字媒体艺术专业的李顺、陈天和马尔萨组成的小组完成的。在本案例中，我们将一个小女孩的实拍镜头效果（见图 7-2）转换为卡通风格的效果。

图 7-2 视频素材

1 Premiere 处理序列帧

首先，需要对视频进行时长编辑并转换为序列图像。我们可以使用 Premiere、After Effects 等软件工具来完成。下面以 Premiere 为例进行讲解，具体操作步骤如下：

步骤 01 在菜单栏中单击"文件→导入"命令，加载视频素材。

步骤 02 双击项目面板中的视频文件，视频将显示在素材预览窗口中，如图 7-3 所示。可以使用素材窗口面板上的出点和入点工具 裁剪视频。

图 7-3 Premiere 素材预览窗口

步骤 03 视频素材裁剪好之后，把视频素材从 Premiere 项目面板拖到时间轴面板中，建立序列，如图 7-4 所示。

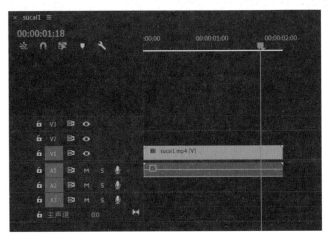

图 7-4 把裁剪好的视频素材拖入时间轴面板中

步骤 04 在 C 盘建立一个名称为"1"的文件夹。

步骤 05 在 Premiere 菜单栏中单击"文件→导出→媒体"命令，弹出"导出设置"文件输出面板，选择格式为 JPEG，设置"输出名称"为 sucai1，并把它保存到"1"文件夹内。序列图一定要保存到这个文件夹内，否则会出现很多文件。最后单击"导出"按钮导出文件。输出设置如图 7-5 所示。

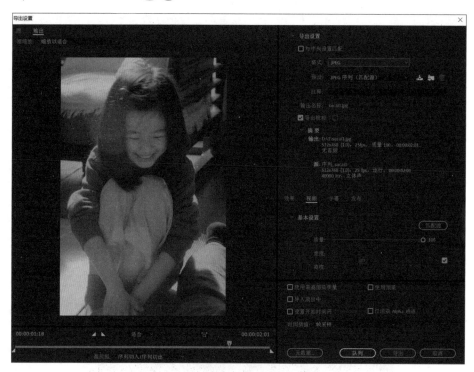

图 7-5 输出设置

2 Stable Diffusion 图生图转换风格

步骤 01 打开 Stable Diffusion 软件，切换到"图生图"面板，单击"拖动图像至此 or 点击上
传"，导入"1"文件夹内的一帧图像，主模型选择 CounterfeitV30，采样方法设置
为 DPM++ 2M Karras，生成图像的分辨率设置为 512×768 像素。

正向提示词：cartoon, 1 little girl, cute, with short hair, smiling happily, arms wrapped around her
legs, against a backlit, blurred background。

对应的含义：卡通，1 个小女孩，可爱，短发，开心地笑着，双臂环抱双腿，背光，模糊的背景。

反向提示词：(worst quality, low quality, lowres:1.3)。

对应的含义：(最差的画质，低画质，低分辨率 : 1.3)。

步骤 02 重绘幅度设置为 0.4，这个参数十分关键。若参数值太大，则随机性太大；若参数值
太小则风格变化不明显。针对不同的素材，可以尝试不同的参数设置。

步骤 03 生成一些图像，从效果比较好的图像下面的提示词记录里，复制 seed 值到随机数种
子（Seed）中，如图 7-6 所示。

图 7-6 参数设置（包括随机数种子的设置）

步骤 04 开始生成图像，结果如图 7-7 所示，两幅图像的动作和结构差异都太大，若直接用于视频制作，则视频的闪烁会非常严重。

图 7-7 生成的两幅图像——人物的动作和图像的结构差异较大

3 ControlNet 轮廓控制

为了让两幅图像更具有一致性，需要用 ControlNet 来精确控制。

步骤 01 打开 ControlNet，勾选"启用"选项，"控制类型"选择 Canny。由于图生图的图像和 ControlNet 是关联的，并且涉及序列帧，因此我们不再导入图像，ControlNet 图像面板需要空置。

189

步骤 02 开启 ControlNet Unit1，增加第二个 ControlNet，勾选"启用"选项，"控制类型"选择 SoftEdge。

步骤 03 生成图像，结果如图 7-8 所示。现在得到的结果图像，两者就相互匹配了。

图 7-8 再次生成的两幅图像两者就相互匹配了

4 批处理动画

目前只是单帧的效果，现在要进行批处理。

步骤 01 在 C 盘建立名称为"2"的文件夹。

步骤 02 切换到图生图的"批量处理"，设置输入目录为 C:\1，输出目录为 C:\2，如图 7-9 所示。

> 输入目录
> C:\1
> 输出目录
> C:\2

图 7-9 为批处理生成动画设置输入和输出目录

5 取消输出检测图

在保持其他参数不变的情况下，在生成之前，我们还需要进行一个设置。在默认情况下，ControlNet 会输出预处理器的预览图，但在这里我们不需要这些预览图。在 Stable Diffusion 的 WebUI 的选项卡上，选择"设置→ControlNet"，在生成图像时勾选"不输出检测图（如深度估算图、动作检测图等）"。然后生成图像，序列帧批处理需要等待一段时间。

6 Premiere 生成视频

打开 Premiere，在菜单栏中单击"文件→导入"命令，选择名为"2"的文件夹内的第一张序列图，勾选"图像序列"选项。导入后，把素材拖入时间轴，依次单击菜单栏中的"文件→导出→媒体"命令，把文件格式改成 h.264（注：h.264 文件就是 MP4 文件），"输出名称"选项可以更改文件保存位置和文件名，之后就可以导出完成此案例。生成的效果如图 7-10 所示。

图 7-10 最终生成的视频效果截图

这种方法对视频中的每一幅单帧图像都采用了图像转换，虽然单帧看上去不错，但是为了保证帧与帧之间的连贯性，只能采用较小的重绘幅度，风格变化不能太大，即使锁定了 seed 值，帧与帧之间也还是会产生差异，生成的画面转换成视频会产生闪烁，平滑性不足。

7.2 数字人口型动画 SadTalker

数字人虚拟播报，简单来说就是通过人脸图像和一段语音音频来生成会说话的人物头像视频。这项技术在视频会议、主持节目、虚拟主持等多个领域都有广泛应用，是一项具有挑战性的任务。

西安交通大学开发的开源插件 SadTalker 的全称是 Stylized Audio-Driven Talking-head，它能够根据语音输入，为一幅人物图像生成逼真的口唇动画。它的功能类似于国外的 D-ID，但 D-ID 并没有开源。

1 SadTalker 插件的安装

SadTalker 的安装方法和其他插件类似。安装的地址是：https://github.com/OpenTalker/SadTalker。这个插件开源的网页如图 7-11 所示。

插件安装完毕后，在 Stable Diffusion 的选项卡中，就会出现 SadTalker，如图 7-12 所示。

图 7-11 开源网页

图 7-12 SadTalker 插件出现在 Stable Diffusion 选项卡中的位置

我们还需要安装模型库。可在 https://github.com/OpenTalker/SadTalker 网址上下拉说明文档，按照中文帮助（见图 7-13）进行安装。

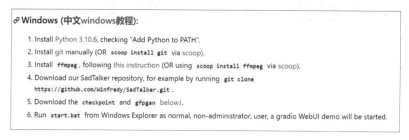

图 7-13 按照中文帮助进行安装

根据图 7-13 中第 5 步的说明，我们需要先下载模型压缩文件包，然后将它复制到文件夹 \Stable-Diffusion-webui\extensions\SadTalker 中。接着，右击该压缩文件包，选择解压到当前文件夹。这样会解压出 gfpgan 和 checkpoint 两个文件夹，如图 7-14 所示。

然后，在 SadTalker\checkpoints 目录中，右击 BFM_Fitting.zip 文件，选择解压到当前文件夹，这样模型文件就安装完毕了。

最后，我们还需要设置 ffmpeg。从 https://www.gyan.dev/ffmpeg/builds/ffmpeg-git-full.7z 下载软件，右击该文件将它解压到当前文件夹。解压完成后，把文件夹名称改为 ffmpeg，再把该文件复制到 D:\Program Files\ 目录下。

随后，选择 Windows 系统设置，并查找环境变量，如图 7-15 所示。

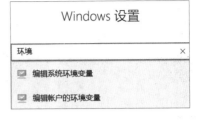

图 7-14 文件解压   图 7-15 Windows 环境变量

在"编辑环境变量"窗口中，在 path 路径中添加一个新的目录 D:\Program Files\ffmpeg\bin，如图 7-16 所示。

图 7-16 路径设置

2 SadTalker 插件的使用

操作步骤如下：

步骤 01 打开 SadTalker 面板，导入写实照片和语音音频，如图 7-17 所示。

步骤 02 把分辨率改为 512 像素，如图 7-18 所示。

图 7-17 上传写实照片和语音

图 7-18 设置分辨率

步骤 03 生成图像。图像的口型大致匹配，头部还有轻微的摇动，如图 7-19 所示。

图 7-19 口型动画的效果

7.3 Deforum 插件动画

Deforum 插件具有广泛的应用前景，它通过多个关键帧和多个提示词来驱动产生动态效果。使用 Deforum 插件可以生成具有不同场景和风格转换的视频，还能够实现摄影机的移动、旋转和拉伸效果。

我们可以通过以下网址来安装 Deforum 插件：

https://github.com/deforum-art/deforum-stable-diffusion

安装过程类似于其他插件的安装，不再赘述。下面将使用 Deforum 插件来制作一个"荒漠-古代城市-现代城市-未来城市"的时光穿梭动画。

步骤 01 首先，使用文生图制作好这 4 个场景的图像。在文生图中，主模型选择 ReV Animated，生成图像的分辨率设置为 768×512 像素，采样方法设置为 DPM++ 2M Karras。

（1）第一幅图：荒漠，冬天。

正向提示词：desert, dark clouds, winter, morning。

对应的含义：沙漠、乌云，冬季，早晨。

反向提示词：(worst quality, low quality,lowres:1.3), (humans:1.4)。

对应的含义：(最差画质，低画质，低分辨率 :1.3)，(人类 :1.4)。

以文生图来生成图像，结果如图 7-20 所示。

图 7-20 以文生图生成第一幅图像

（2）第二幅图：古代建筑，春天。

正向提示词：traditional Chinese architecture, spring, great panorama, daytime。

对应的含义：中国传统建筑、春天、壮丽全景、白天。

反向提示词：(worst quality, low quality, lowres:1.3),(humans:1.4)。

对应的含义：(最差画质，低画质，低分辨率 : 1.3)，(人类 :1.4)。

以文生图来生成图像，结果如图 7-21 所示。

图 7-21 以文生图生成第二幅图像

（3）第三幅图：城市，夏天。

正向提示词：modern city, summer, panorama, sunset。

对应的含义：现代城市、夏天、全景、日落。

反向提示词：(worst quality, low quality, lowres:1.3),(humans:1.4)。

对应的含义：（最差画质，低画质，低分辨率：1.3），（人类：1.4）。

以文生图来生成图像，结果如图7-22所示。

图 7-22 以文生图生成第三幅图像

（4）第四幅图：未来城市，秋天。

正向提示词：future city, Cyberpunk, fall, night。

对应的含义：未来城市、赛博朋克、秋天、夜晚。

反向提示词：(worst quality, low quality, lowres:1.3), (humans:1.4)。

对应的含义：（最差画质，低画质，低分辨率：1.3），（人类：1.4）。

以文生图来生成图像，结果如图7-23所示。

步骤 02 打开"运行参数"选项卡，保持采样方法、分辨率等参数设置和文生图时的参数设置一致，输出文件夹名称改为time，如图7-24所示。

图 7-23 以文生图生成第四幅图像

图 7-24 "运行参数"选项卡

步骤 03 打开"关键帧"选项卡,"动画模式"选择"3D",Border mode(边界模式)设置成 warp(包裹)模式,"最大帧数"(即总时长)设置成 500 帧,"强度表"参数是指权重,这里我们保持默认设置即可,如图 7-25 所示。

步骤 04 运动参数代表着摄影机的变化,包括移动、旋转和缩放参数。打开"运动参数"选项卡,"平移 X"设置为 0:(0),100(-1),300(1),表示 X 轴 0 帧移动 0(即不动),100 帧开始每帧移动 −1,300 帧开始每帧移动 1;"Rotation 3D Z"设置为 0:(0.5),表示每帧让 Z 轴旋转 0.5;"平移 Z"设置为 0:(2.75),表示 Z 轴每帧移动 2.75,形成镜头往后拉的效果,如果设置成负值则形成往前推的效果。运动参数设置如图 7-26 所示。

图 7-25 "关键帧"选项卡

图 7-26 运动参数

步骤 05　换到"提示词"选项卡，插件自带了一个模板格式，不要随便改动它，它有基本的格式。不要更改它的符号，我们只需要更改关键帧和提示词。

按照模板把提示词改成：

```
{
    "0": "desert, dark clouds, winter, morning",
    "150": "traditional Chinese architecture, spring, great panorama, daytime",
    "300": "modern city, summer, panorama, sunset",
    "450": "future city, Cyberpunk, fall, night"
}
```

我们还可以在正向提示词中输入通用的画质风格提示词：best quality, professional photography, masterpiece, intricate details。

反向提示词输入：nsfw,(worst quality, low quality, lowres:1.3),(humans:1.4)。

步骤 **06** 在输出选项卡中，设置 FPS（帧速率）为 25，表示每秒 25 幅图像，500 帧就是总共 20 秒的动画。勾选"删除图像"选项，这样能节省显存，生成视频的时候会删除原 单帧图像。

步骤 **07** 设置完毕后，生成一下，会生成镜头运动和时光变迁的动画。动画截图如图 7-27 所示。

图 7-27 生成的动画效果（部分截图）

Deforum 是一款与其他转换画面风格的插件不同的特殊视频工具。它具有较强的参数实 用性和动感，同时也具备较大的商业潜力。

7.4 补帧工具 EbSynth

EbSynth 是几年前出现的一款风格转换工具，目前已经以插件的形式免费整合到 Stable Diffusion 中。该插件的主要功能是利用关键帧完成视频风格转换。与其他工具相比，它能够降低闪烁率，并且具备较好的稳定性。它的官网主页（https://ebsynth.com/）如图 7-28 所示。

图 7-28 EbSynth 官方网站

EbSynth 视频制作分为 9 个阶段（见图 7-29），其中阶段 3、4 和 6 只显示一个指南，不进行任何实际的处理。

图 7-29 EbSynth 的 9 个阶段

1 stage 1

Stage 1 从原始视频中提取帧，形成序列帧，并生成遮罩图像。

步骤01　在 project setting（项目设置）中，单击视频上传面板，导入一个大约 2 秒钟的人物视频，如图 7-30 所示。

图 7-30 上传视频

步骤 02 在 C 盘创建一个名为 Video 的文件夹（c:\video，见图 7-31），并将该文件夹作为视频保存文件的项目文件夹。请注意不要使用中文目录。

图 7-31 项目路径

步骤 03 切换到配置（Configuration）设置选项卡，修改遮罩透明方式，但在这个视频中我们不需要遮罩。

步骤 04 单击"生成"按钮，在 C 盘的 Video 目录下会生成两个文件夹：video_frame 和 video_mask。其中，video_frame 文件夹包含生成的序列帧，如图 7-32 所示。

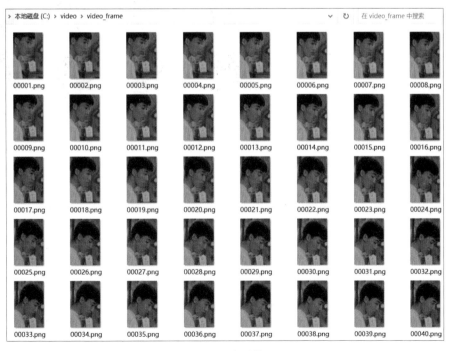

图 7-32 序列帧

2 stage 2

Stage 2 选择要提供给 EbSynth 的关键帧。这里最重要的参数是 Minimum keyframe gap（最小关键帧间隙），参数越小，生成的图像越精确，但对显卡的要求越高。我们用默认的 10 即可，如图 7-33 所示。

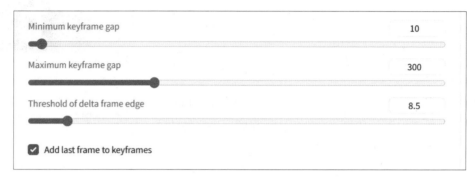

图 7-33 有关关键帧的参数设置

启动生成图像操作后，EbSynth 会选择一些关键帧图像，并把它们放到 video_key 目录中，如图 7-34 所示。

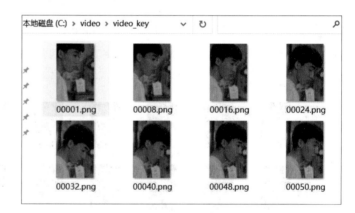

图 7-34 EbSynth 会选择一些关键帧

3 stage 3

这部分的操作和 7.1 节中案例的操作类似，即进入图生图，改变画面风格，把它转换成素描的风格。

步骤 01 打开 Stable Diffusion，切换到"图生图"面板，单击"拖动图像至此 or 点击上传"，导入其中的一幅关键帧图像。主模型选择 artErosAerosATribute，采样方法设置为 DPM++ 2M Karras，生成图像的分辨率设置为 512×768 像素。重绘幅度设置成 0.5。

正向提示词：pencil sketch, 1 man, blurred background。

对应的含义：铅笔素描，一个男人，背景模糊。

反向提示词：(worst quality, low quality, lowres:1.3)。

对应的含义：(最差画质，低画质，低分辨率 : 1.3)。

步骤 02 切换到 ControlNet 面板，应用两个控制类型：在 ControlNet Unit0 中勾选"启用"选项，"控制类型"选择 Canny，如图 7-35 所示；在 ControlNet Unit1 中勾选"启用"选项，"控制类型"选择 SoftEdge，如图 7-36 所示。

图 7-35 ControlNet Unit0 设置

图 7-36 ControlNet Unit1 设置

步骤 03 以文生图来生成图像，结果如图 7-37 所示。

图 7-37 以文生图生成的图像

步骤 04 复制该图像信息中的 seed 值，然后粘贴到图生图的"随机数种子 (Seed)"中，参数设置如图 7-38 所示。

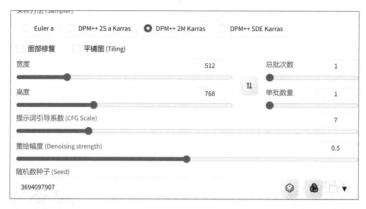

图 7-38 参数设置（包括复制图像信息中的 seed 值）

步骤 05　在 C:\video 中新建一个文件夹 video_key2，切换到图生图的"批量处理"，设置输入和输出目录，如图 7-39 所示。

图 7-39 设置输入和输出目录

经过批处理，我们把关键帧的所有图像都加上了素描风格，如图 7-40 所示。

图 7-40 关键帧的所有图像都加上了素描风格

4 生成 ebs 文件

我们把处理成素描的文件夹改名为 img2img_upscale_key。

注意，阶段 4 只有一个指南，因而选择 stage 5（阶段 5），生成一下图像。它会生成 ebs 文件，这是 EbSynth 项目文件。因为只有 50 帧，人物动作幅度也比较小，所以只生成了一个 ebs 文件。

5 ebs 文件处理

接下来处理 EbSynth 项目文件，先去 EbSynth 官网（https://ebsynth.com/）下载 EbSynth 软件。

打开 EbSynth，它的界面如图 7-41 所示。

图 7-41 Ebsynth 软件界面

单击 Open 选项，选择 ebs 文件，以加载关键帧信息。由于我们没有用到 Mask 透明遮罩，因此单击 Mask 选项右侧的 ON 按钮将它关闭，最后单击 Run All 按钮。这个步骤会处理关键帧之间的中间帧，使中间帧全部转换成素描风格，结果如图 7-42 所示。

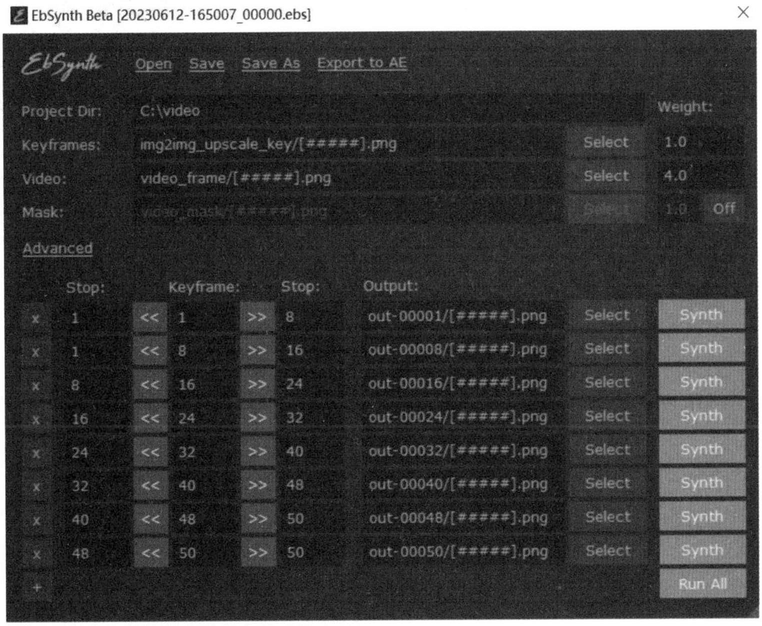

图 7-42 Ebsynth 设置

6 渲染输出

单击面板上的 Export to AE
选项，自动打开 Adobe 的 After
Effects 软件。

After Effects 软件已经自动
生成了合成项目，如图7-43所示。

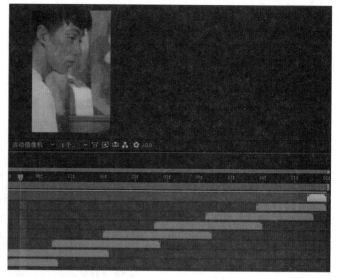

图 7-43 After Effects 的合成窗口

依次单击菜单栏中的
"文件→导出→添加到 Adobe
Media Encoder 队列"选项，以
输出 MP4 文件，如图7-44所示。

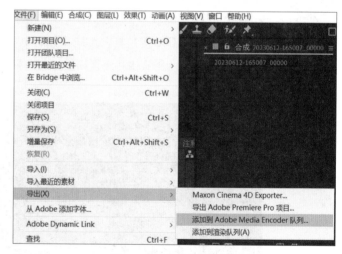

图 7-44 After Effects 导出

EbSynth 的 Stage 3.5 是颜色匹配器，采用了默认设置。Stage 7 在交叉融合运算时
串联每一帧和音频运算，对应了 Ebsynth 软件的运算过程，在本案例中没有应用到音频。
stage 8 是一个额外的阶段，可以将喜欢的图像或者视频放在某个背景中，在本案例中没有
应用到背景处理。

EbSynth 官网上的作品非常流畅，没有闪烁现象，但是它对前期拍摄的要求比较高，需
要清晰的拍摄素材。

▒ 7.5 SD-CN-Animation

该插件具备两种功能：一种是通过输入视频生成视频，另一种是通过输入文本生成视频。相较于其他插件，该插件更加简单实用。

安装该插件的步骤和其他插件类似。我们可以从以下链接地址找到插件：https://github.com/volotat/SD-CN-Animation。

该插件的开源网页如图 7-45 所示。

1 vid2vid（视频转视频）

下面以一段男生在打篮球的视频为例来进行视频转视频。

图 7-45 开源网页

> **步骤 01** 在 vid2vid 选项卡中，在提示词中输入 a boy, playing basketball（一个玩篮球的男孩），分辨率根据原素材设置成 512×768 像素，具体的参数设置如图 7-46 所示。

图 7-46 参数设置

步骤 02　以文生图来生成图像，结果如图 7-47 所示。

图 7-47　以文生图生成的图像

生成的视频图像与原图像差异较大，闪烁特别强烈，因此我们需要使用 ControlNet 进行控制。

步骤 03　在 ControlNet 面板，不需要上传图像，因为 ControlNet 的图像和打球视频素材内容一致。在 ControlNet Unit0 中勾选"启动"选项，"控制类型"选择 Canny，如图 7-48 所示。在 ControlNet Unit1 中勾选"启动"选项，"控制类型"选择 SoftEdge，如图 7-49 所示。对于它们的预处理器和模型，系统都会自动选择。

图 7-48　ControlNet Unit 0 的设置

图 7-49 ControlNet Unit 1 的设置

步骤 04 生成图像,输出过程如图 7-50 所示。

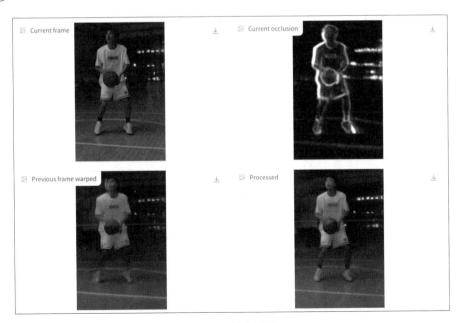

图 7-50 输出过程

从动画的运算过程中可以观察到，生成的帧与原始实拍素材的匹配度明显提高了。最终生成的结果在精度和流畅度方面也表现出了较好的效果，如图 7-51 所示。

图 7-51 最终生成的效果

视频文件输出的文件夹为 \Stable-Diffusion-webui\outputs\sd-cn-animation\vid2vid。

2 txt2vid

下面来演示如何使用文字生成视频。

步骤01 切换到 txt2vid 选项卡，输入提示词 bees make honey from flowers（蜜蜂从花中采蜜）。

步骤02 txt2vid 功能中一个常需要修改的参数是 FPS，即帧速率，用于确定每秒播放的帧数。如果想要实现流畅的播放效果，可以将帧速率设置为 25 或 30，但这也会导致生成视频的时间变长。默认为每秒 12 帧，总共 40 帧，时长约为 3 秒，具体的设置如图 7-52 所示。

图 7-52 帧的设置

步骤03 以文生视频来生成视频，过程如图 7-53 所示。

图 7-53 以文生视频的过程

最后获得的视频效果如图 7-54 所示（图中为视频的截图）。

图 7-54 蜜蜂视频的两幅截图

视频文件输出的文件夹为 \Stable-Diffusion-webui\outputs\sd-cn-animation\txt2vid。

EbSynth 和其他插件相比，最大的优点就是操作简单，学习成本比较低。不过，目前文生视频闪烁还比较严重。

7.6 Runway 公司的 Gen-2

Runway 是成立于 2018 年的人工智能公司，他们参与了 Stable Diffusion 的开发。我们可以在官方网站（https://app.runwayml.com/）上找到大量的 AI 视频模板作为参考。需要

注意的是，Gen-2 并非 Stable Diffusion 的插件，而是需要在 Runway 的网站上进行在线视频制作。图 7-55 为 Runway 官网上展示的作品。

图 7-55 Runway 官网上展示的作品

2023 年 2 月，Runway 推出了 Gen-1，该版本能够在原始视频的基础上进行编辑，以得到我们想要的视频。

2023 年 5 月，Gen-2 开始上线运行，它能够实现多项功能：

（1）文本到动画：用户输入提示词并调整各种参数以生成视频；

（2）提示词 + 初始图像输入：用户提供初始图像作为动画的参考图，并与提示词结合使用，生成最终的输出视频；

（3）输入视频 + 提示词：用户提供初始视频作为动画的基础，通过提示词引导，并调整各种参数，获得不同风格的最终视频输出。

（4）Gen-2 还具备遮罩、渲染、风格化等多项功能，令人期待。

目前，Runway 官网只对普通用户开放了文生视频的功能，我们可以前往体验一下。

我们可以从一个已经完成的狮子视频中获得参考提示词，并单击"Try this"按钮进行尝试，如图 7-56 所示。

图 7-56 从狮子模板的视频中获取参考提示词进行尝试

弹出的提示词为：a slow camera push in on a lion in the tall grass. cinematic, national geographic, film（一架缓慢推进的摄像机，拍摄到高草丛中的一头狮子。具有电影级，国家地理，胶片电影风格）。

接下来，我们用同样的提示词生成视频，结果如图 7-57 所示。

图 7-57 用提取的提示词生成狮子视频

根据这组提示词，继续以创意方式生成视频。

我们把提示词更改为：a slow camera push in on a Panda in the bamboo forest,cinematic, national geographic, film。对应的含义：一架缓慢推进的摄像机，拍摄到竹林里的一只熊猫，具有电影级，国家地理，胶片电影风格。

步骤01 在 Stable Diffusion 中生成一幅参考图。

正向提示词：a slow camera push in on a Panda in the bamboo forest,cinematic, national geographic, film）。对应的含义同上。

反向提示词：(worst quality:1.5), (low quality: 1.5), (normal quality:1.5), lowres, bad anatomy, bad hands, normal quality, ((monochrome)), ((grayscale)), watermark。

对应的含义：（最差画质：1.5），（低画质：1.5），（普通画质：1.5），低分辨率，不准确的生理结构，画得不好的手，普通画质，((单色))，((灰度))，水印。

在 Stable Diffusion 中以文生图来生成图像，结果如图 7-58 所示。

图 7-58 以文生图生成的熊猫图像

步骤02 回到 Gen-2，单击 （输入图像）按钮（见图 7-59），弹出 Add an image to your prompt（添加图像）面板。

步骤03 在 Add an image to your prompt 面板中单击"上传图像按钮"，上传上面生成的熊猫图，结果如图 7-60 所示。

图 7-59 图像按钮   图 7-60 含提示词的面板

步骤04 单击 Generate 按钮生成视频，结果如图 7-61 所示。

图 7-61 生成的熊猫动画视频

在 Gen-2 中生成一段视频需要消耗 4 个积分，生成的视频时长为 4 秒。

目前，Gen-2 开放的功能主要是文生视频，普通用户可以使用网站赠送的积分参与制作，但分辨率较低，时长较短，且带有水印。

AI 视频制作目前仍处于起步阶段，还有其他一些工具如 Temporal Kit、Stable Animation SDK、mov2mov、M2M 等，它们的功能和用法类似。总体来说，AI 生成的视频质量不高，容易出现闪烁问题，分辨率较低，可控性较差。想要获得满意的效果，还需要进行大量改进。然而，AI 技术的升级迭代速度非常快，每天都在不断进步。

7.7　思考与练习

思考题：AI 视频如何做到更加可控？

练习题：

（1）用 Deforum 制作"穿越时光"视频。

（2）用 Gen-2 制作"竹林中的熊猫"视频。

第 **8** 章

Chapter

综合案例

AI 绘画
Stable Diffusion
从入门到精通

本章概述： 回顾文生图、图生图、LoRA 和 ControlNet 的完整流程，以掌握 AI 绘画的使用技巧。

本章重点：

- 复习 AI 绘画的工作流程

　　凤凰涅槃是指凤凰浴火燃烧，向死而生，在烈火燃烧中重生并获得永恒的生命。它象征着不屈不挠的精神，展示了勇敢奋斗的坚强意志。在本章中，我们将以"凤凰涅槃"为案例，回顾文生图、图生图、LoRA、ControlNet 和高清输出等完整的流程。该案例的效果如图 8-1 所示。

图 8-1 "凤凰涅槃"案例的效果图

8.1 查找素材

在用 AI 绘图制作一幅图像之前，查找素材是非常重要的环节。一方面，我们需要对主体的外形、色彩、纹理、动作和所处的环境进行仔细观察和研究；另一方面，我们也要观看优秀的作品，以提高自己的美学素养。

凤凰的素材

我们可以访问一个国外的素材网站——Pinterest。这个网站受到许多艺术工作者、设计师、摄影师和动画制作者的喜爱，它具备大数据算法，根据用户的观看习惯来汇总不同类型的作品。

在 Pinterest 网站中输入 Phoenix（凤凰）进行搜索，搜索结果如图 8-2 所示。

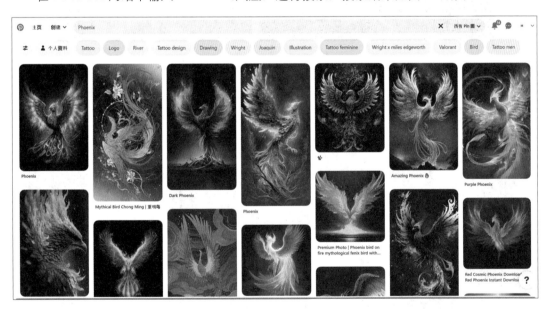

图 8-2 搜索 Phoenix（凤凰）素材的结果页面

我们可以把多幅图像保存下来，作为 ControlNet 的控制素材图像，如图 8-3 所示。

我们还需要一些色彩风格的素材图像，主要用于"图生图"中，以影响画面的色调和细节。因此在网站中输入 abstract fantasy art（抽象奇幻艺术）进行搜索，找到一些具有丰富色彩的抽象图像。具体的搜索结果如图 8-4 所示。

图 8-3 凤凰的素材图像

图 8-4 搜索 abstract fantasy art 素材的结果页面

　　Pinterest 网站有一个非常独特的功能：当我们单击某幅图像后，在它的素材面板上，网站会使用大数据收集与该图像具有相似类型的图像。这个功能在拓展创意思路方面非常有用，与 Stable Diffusion 同时生成多幅图像的功能有相似之处。该网站的素材收集窗口如图8-5所示。

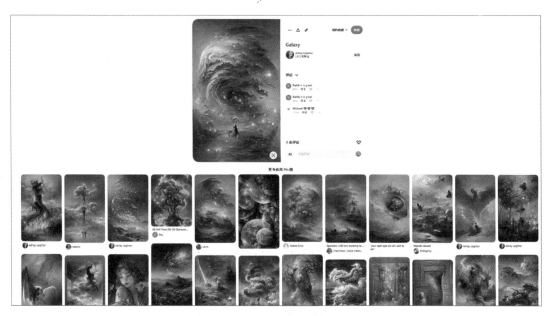

图 8-5 Pinterest 网站的素材收集窗口（大数据收集与该图像相似类型的素材）

我们收集了两幅影调不一样的抽象素材，如图 8-6 所示。

图 8-6 两幅影调不一样的抽象素材

在 Pinterest 网站还可以观看很多优秀的绘画作品，读者可以从中提高自己的审美能力。

8.2 下载模型

凤凰是中国特有的吉祥物，类似于西方的不死鸟。西方的不死鸟与鹰相似，而中国传说中的凤凰在形象上更接近鸡和雉的特征。因此，常见的模型库通常无法生成凤凰，容易出现半人半兽的怪物。

1 LoRA 模型

在 Civitai 网站中搜索 Phoenix，只有一个 LoRA 模型 Phoenix Concept and "Style" LoRA，符合条件，如图 8-7 所示。

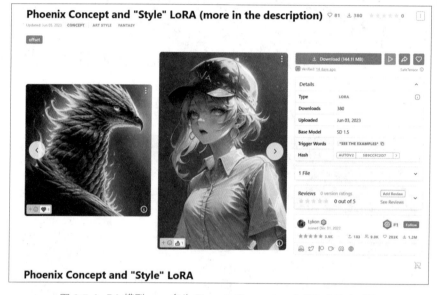

图 8-7 LoRA 模型——名为 Phoenix Concept and "Style" LoRA

在使用模型之前，我们应养成一个好习惯，即查看开发者的说明。在本插件的说明中，建议使用 DreamShaper（梦想塑造者）模型来制作令人印象深刻的火鸟效果。需要注意的是，该模型是在 Adobe Stock 上进行训练的，因此请确保遵守相关的反向提示词，如水印（watermark）等。

2 主模型

主模型在图像的生成中起到主导作用，根据 LoRA 模型的提示说明，我们使用 DreamShaper 主模型来完成本案例，模型页面如图 8-8 所示。

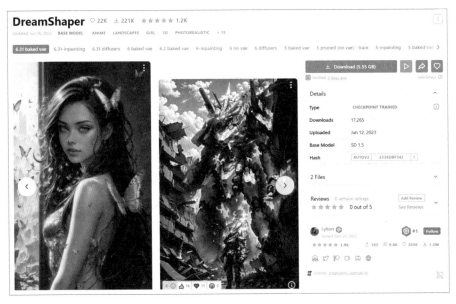

图 8-8 DreamShaper 主模型的网页

3 其他模型

为了表现中国风，在艺术表现上，我们还会用到两个 LoRA 微调模型。一个是 Chinese_Ink_Painting_style，它具有良好的水墨画效果，如图 8-9 所示。

图 8-9 Chinese_Ink_Painting_style 模型的网页

另一个 LoRA 模型是名为"剪纸"的剪纸效果模型，如图 8-10 所示。

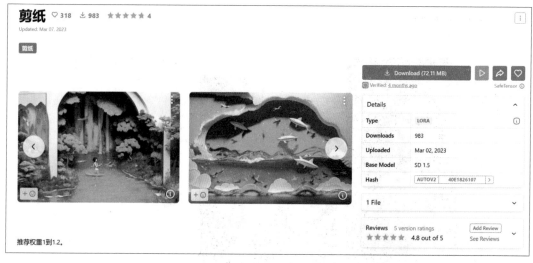

图 8-10 "剪纸"模型的网页

各种主模型和 LoRA 微调模型是 Stable Diffusion 中最常用的两种模型：主模型能够独立使用；LoRA 微调模型需要配合主模型来使用，在主模型的基础上进行微调。

8.3 文生图调节基础图像

我们首先通过文生图调整好凤凰形象。

1 提示词

正向提示词：(best quality, masterpiece:1.2), (realistic:1.4), CG, dramatic, 1 phoenix, solo, flamboyance, flames, traditional texture, particles spread, full body, wide angle view。

对应的含义：（最佳画质，杰作 :1.2），（逼真 :1.4），CG，戏剧性的，1 只凤凰，独自，华丽，火焰，传统纹理，粒子扩散，全身镜头，广角视角。

反向提示词：(worst quality, low quality, lowres:1.5), canvas frame, cartoon, disfigured, bad art, out of frame, bad anatomy, watermark, ((nsfw)), (humans:1.5)。

对应的含义：（最差画质，低画质，低分辨率 :1.5），画布框架，卡通，变形，糟糕的艺术作品，超出画面范围，不准确的解剖，水印，（不适宜工作场所），（人类 :1.5）。

Stable Diffusion 生成图像时，特别容易出现人物，因此反向提示词中要排除人类和 nsfw 等少儿不宜的内容。

2 参数设置

在文生图中，主模型选择 DreamShaper，生成图像的分辨率设置为 768×1024 像素，采样方法设置为 DPM++ 2M Karras，提示词引导系数（CFG Scale）设置为 10。具体的参数设置如图 8-11 所示。

以文生图来生成图像，结果如图 8-12 所示，出现了人与凤凰的结合体。

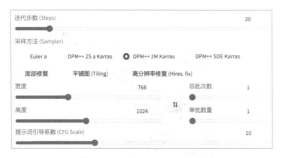

图 8-11 为文生图提供的参数设置

图 8-12 以文生图生成的图像

3 LoRA 调整

在 Stable Diffusion 的 WebUI 面板上，打开 Additional Networks 选项卡，这是 LoRA 插件的设置面板，为第一个插件选择 phoenix_offset 模型。生成的图像如图 8-13 所示，偏向于写实老鹰的风格。

我们为第二个 LoRA 插件选择 Chinese_Ink_Painting_style 模型，为第三个 LoRA 插件选择"剪纸"模型，这 3 个模型的权重分别设置为 0.55、0.4、0.4。LoRA 插件参数的具体设置如图 8-14 所示。

图 8-13 LoRA 调整后生成的凤凰图像

图 8-14 LoRA 插件参数的设置

以文生图来生成图像，结果如图 8-15 所示，虽然产生了变形，但是有了笔触和立体感的效果。

图 8-15 以文生图生成的凤凰图像

8.4 图生图控制影调

具体操作步骤如下：

步骤 01　单击生成图像下面的"＞＞图生图"按钮，Stable Diffusion 会切换到"图生图"面板，同时会把提示词、参数、LoRA 等设置继承过来。

步骤 02　在"图生图"图像面板，关闭图像，重新上传从 Pinterest 下载的素材图像，如图 8-16 所示。

步骤 **03** 把采样方法更改为 DPM++ 2M Karras，把重绘幅度设置为 0.6。

步骤 **04** 以图生图来生成图像，结果如图 8-17 所示，色彩、笔触和质感初步成型，但画面变形严重。

图 8-16 上传从 Pinterest 下载的素材图像

图 8-17 用图生图来控制影调

8.5 ControlNet 控制轮廓

ControlNet 能够根据参考图来控制生成图像的外形、轮廓或风格。具体操作步骤如下：

步骤 **01** 在 Stable Diffusion 的 WebUI 界面中，打开 ControlNet 选项卡，上传控制素材图像，如图 8-18 所示。

图 8-18 上传图像到 ControlNet 图框中

步骤 02 勾选"启用"选项，把"控制类型"更改为 Canny，预处理器和模型会自动切换成 Canny 对应的选项。如果 ControlNet 的版本低于 1.1，则没有自动切换预处理器和模型的功能，需要手动把预处理器更改为 Canny，把模型更改为 control_v11p_sd15_canny。

步骤 03 把"Control Weight"（控制权重）更改为 0.65，降低一些控制强度，目的是让生成的图像与素材图像不要太雷同、太接近了，让 AI 绘画的随机性大一些，放飞自己。

步骤 04 勾选"允许预览"选项，单击 ✖（预览）按钮预览一下预处理器的效果，如图 8-19 所示。

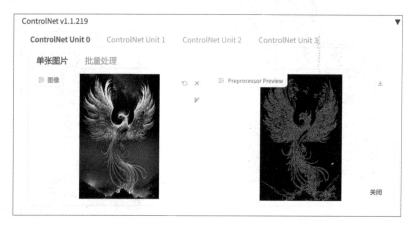

图 8-19 control_v11p_sd15_canny 预处理器的预览效果

步骤 05 以图生图来生成图像，结果如图 8-20 所示，凤凰的轮廓已经形成。

步骤 06 保存该图像。

图 8-20 以图生图生成的凤凰图像

8.6 用脚本提高分辨率

目前画面的分辨率较低,画幅只有 768×1024 像素,如果要应用到设计工作中这个分辨率显然是不够的,因此,需要提升它的分辨率。

我们使用 Ultimate SD Upscale 脚本来放大画幅,这个脚本是 SD Upscale 的升级版,它的原理是将一幅大图分割成多个小图,然后分别对每个小图进行计算和处理。因此,相对而言,它对显卡性能的要求并不高。

具体操作步骤如下:

步骤01 安装脚本,这和安装插件的方法是一样的。依次单击 Stable Diffusion 的 WebUI 界面中的"扩展→可下载→加载扩展列表"命令,随后在搜索框里输入"Ultimate SD Upscale",再单击"安装"按钮,如图 8-21 所示。

图 8-21 脚本的安装

如果安装出现问题,也可以通过以下网址进行安装,这里就不再重复说明了:https://github.com/Coyote-A/ultimate-upscale-for-automatic1111。

步骤02 安装完成后,重新启动 Stable Diffusion 的 WebUI,打开"图生图"面板并导入生成的图像。确保提示词和参数设置与文生图的提示词和参数设置一致,生成图像的分辨率为 768×1024 像素,采样方法为 DPM++ 2M Karras,提示词引导系数(CFG Scale)设置为 10,重绘幅度设置为 0.3。

步骤03 在 ControlNet 面板中,勾选"启用"选项,"控制类型"选择 Tile,用于增加图像细节,预处理器会自动切换为 tile_resample,模型会自动切换为 control_v11f1e_sd15_tile。参数设置如图 8-22 所示,生成图像的参数与原图像的参数基本相同。

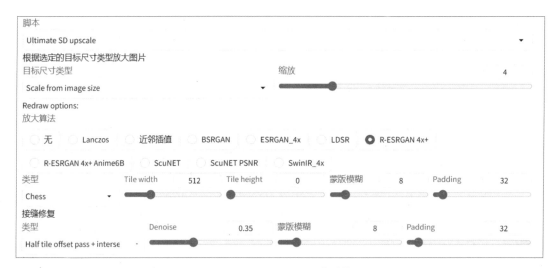

图 8-22　生成图像的参数设置

ControlNet 面板中的图像可以选择上传，也可以不上传，因为它与图生图的图像是一样的。

步骤 04 放大图像的相关设置。在 Stable Diffusion 的脚本下拉列表中选择 Ultimate SD upscale，在"根据选定的目标尺寸类型放大图片"中选择 Scale from image size（根据图片尺寸缩放），"缩放"设置为 4 倍，"放大算法"选择 R-ESRGAN 4x+，"类型"选择 Chess，"接缝修复"类型选择 Half tile offset pass + intersections，具体设置如图 8-23 所示。

图 8-23　ultimate sd upscale 参数的设置

步骤 05 生成放大后的图像。如图 8-24 所示，放大局部观察，我们可以发现新图像（右图）的画质和原图像（左图）的画质相比，有了较大的提升。

图 8-24 放大后的图像和与原图像比对

同时，文件的属性面板显示，新图像文件的大小提高到 14MB，分辨率为 3072×4096 像素，如图 8-25 所示。

通过本案例，我们知道了查找素材的重要性，练习了首先使用文生图的提示词与 LoRA 插件配合来实现所需的图像风格，然后通过 ControlNet 对构图进行精确控制，最后将图像放大以形成高分辨率图像，这就是我们制作大多数 AI 图像的基本流程。

属性	值
来源	
拍摄日期	
图像	
分辨率	3072 x 4096
宽度	3072 像素
高度	4096 像素
位深度	24
文件	
名称	2.png
项目类型	PNG 文件
文件夹路径	C:\用户\Administrator\桌面
创建日期	2023/6/17 星期六 15:14
修改日期	2023/6/17 星期六 15:14
大小	14.1 MB
属性	A

图 8-25 从文件属性面板查看新生成图像的属性

8.7 思考与练习

思考题：回顾 AI 绘画的流程，思考 AI 绘画每个环节的作用是什么。

练习题：生成"凤凰涅槃"图像。

后　记

在 2023 年，似乎在一夜之间我们就进入了 AIGC 时代，身边的一切都在迅速改变。当我开始普及 AI 绘画知识时，看到年轻一代人中有人欣喜，有人愤怒，但更多的却是迷茫：如果每个人都能画画，那么我们学了十几年的绘画还有价值吗？

上世纪，我在母校四川大学接触到了第一台计算机，从那时起我就"沉迷"其中。我还记得在 DOS 系统上乐此不疲玩三维软件 3DS 的美好时光。我要感谢那位无名的机房管理员，每次都把唯一的彩色显示器留给我使用，至今仍难以忘怀。大学时期正值计算机兴起，接着是 2000 年左右互联网开始蓬勃发展，然后是智能手机时代，这期间有多少人迷失了自己。然而，时代在不断进步，新的行业不断涌现，英雄辈出，社会的发展速度越来越快。

数字时代不断更新迭代，只有这样，才能使年轻一代比我们更加优秀，青出于蓝。如今，我们再次迎来了新的变革，这一次的变革比以往更加猛烈，没有人能够逃避它。我要告诉年轻人："如果无法击败它，就加入它。"这是这一代年轻人难得一遇的机会，是你们能够抓住的又一次机会。

AI 绘画正处于起步阶段，目前还没有确立标准答案。我要感谢清华出版社的赵军老师给予我写作这本书的机会。在这段时间里，我几乎夜以继日地写作。然而，在写作过程中几乎没有文献、书籍或系统的帮助文档可以参考，我和大部分网友一样，通过观看油管、B 站、小红书等平台内容，一边摸索参数的功能，一边调试图像的效果，很多结论都充满了个人的经验主义。因此，虽然我按照教材的方式进行写作，但这绝对不能被视为一本标准的教材，只能算作个人学习经验的分享。如果有地方出现错误，请读者及时指正，这样我就能在修订版中进行改正，继续完善本书。希望与大家一起学习、一起进步，谢谢。

这本书刚刚完成，而下一本书已经在酝酿中。计划中的进阶教程将更加注重案例教学，我会根据自己的经验介绍如何在电商、广告、室内设计、漫画插图、舞台美术、影视包装等领域中应用 Stable Diffusion 技术。

我的邮箱：my3d@163.com，B 站个人空间名称为"my3d"。书中涉及的软件、素材、模型和插件，会在空间用百度网盘实时更新。

再次感谢购买本书的各位读者，感谢出版社的各位老师。

许建锋

2023 年 6 月